쉽게 읽는 지식총서

위대한 과학자들
(Greate Scientists)

惠園出版社

쉽게 읽는 지식총서 **위대한 과학자들**

지은이 | 임케 마르텐스
옮긴이 | 한영란
펴낸이 | 전채호
펴낸곳 | 혜원출판사
등록번호 | 1977. 9. 24 제8-16호

편집 | 장옥희 · 석기은 · 전혜원
디자인 | 홍보라
마케팅 | 채규선 · 배재경 · 전용훈
관리 · 총무 | 오민석 · 신주영 · 백종록
출력 | 한결그래픽스
인쇄 · 제본 | 백산인쇄

주소 | 경기도 파주시 교하읍 문발리 출판문화정보산업단지 507-8
전화 · 팩스 | 031)955-7451(영업부) 031)955-7454(편집부) 031)955-7455(FAX)
홈페이지 | www.hyewonbook.co.kr / www.kuldongsan.co.kr

ISBN 978-89-344-1026-3 04400

쉽게 읽는 지식총서

Greate Scientists

위대한 과학자들

임케 마르텐스 지음 / 한영란 옮김

목차

Ⅳ. 근대

V. 20세기

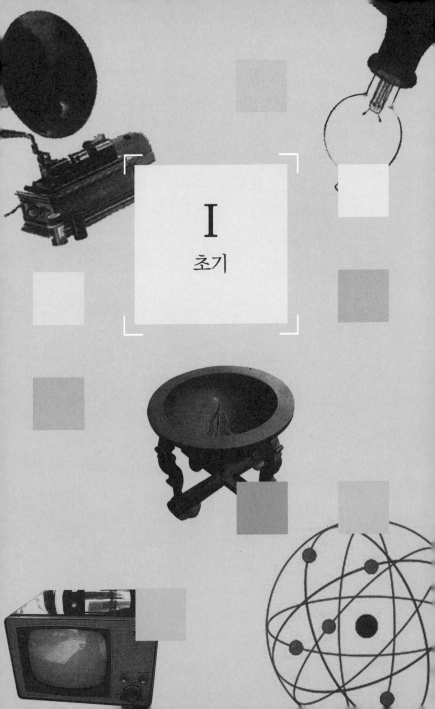

I

초기

인류의 역사는 장엄한 발명과 발견의 연속이다. 고대, 중세, 근대 그리고 20세기를 살펴보면 어느 시대든 사람들의 호기심은 끝이 없었다. 그 결과 이런저런 실험을 통해 엄청난 진보를 이끌었으며, 다양한 분야에서 숭고한 업적을 달성하였다.

고대 이집트의 경작

1. 모든 발견의 원천

언제 어디서 누가 무엇을 발견, 또는 발명했을까? 이 질문의 답을 찾기 위해서 우리는 우선 관점을 인류의 초기 역사로 돌릴 필요가 있다. 인류 최초의 선조들이 일상의 삶을 단순화하고 향상시키기 위해 어떠한 업적과 행위를 달성했는지 관찰해 보자.

1) 불을 이용한 보온과 보호

약 50만 년 전에 엄청난 번개와 천둥과 함께 문화적인 혁명이 시작되었다. 이러한 중차대한 발견은 오히려 우연한 일에서 발생한다.

어느 날 아침 한 무리의 원시인들이 사냥을 나갔다가 뭔가 기이한 것을 관찰하게 되었다. 그것은 다름 아닌 관목(灌木) 불이었다. 그들은 처음에는 너무 놀라서 새로운 것에 대해 불안을 느꼈을 것이다. 그러나 차츰 불의 장점을 인식하고 비로소 그것을 지배하는 방법을 깨닫게 되었다.

불의 여신
헤스티아를 모시는
여사제들

　새로이 알게 된 불에 대한 지식은 놀라울 정도로 빠르게 전파되었다.
불은 온기를 보존하고 야생동물들이 접근하지 못하게 하는 역할을 했
다. 또한 얼마 지나지 않아 고기를 요리할 때에도 불을 이용하게 되었
다. 익힌 고기는 날고기보다 부드러워 더 쉽게 씹을 수 있을 뿐 아니라
위의 통증을 감소시켰다.

　인류의 조상들은 불을 꺼뜨리지 않기 위해서 항상 불씨를 보호하였
다. 그리고 불을 살아 있는 존재로 여겨 제물을 바치기도 했다. 후기의
문화에서 그들은 불의 신들에게 이름을 부여하였다. 그리고 로마 신화
에서는 불의 여신을 모시는 여사제들처럼 불을 지키는 자를 숭배하며
그들을 위해 축제를 열었다.

2) 활과 화살

약 BC 3만 년에 소위 말하는 구석
기시대의 사냥꾼과 수집가들은 어떤
도구를 고안해 냈는데 그것은 나중에
그리스인들과 아시리아인들로부터
'왕의 무기'라는 위상을 얻게 되었다.
그들은 팽팽해진 활을 이용한 창이 그
냥 던지는 것보다 근본적으로 훨씬 빠
른 속도와 관통력을 가진다는 것을 인
식하게 되었다. 또한 아주 먼 거리에

철로 된 활과 화살

서도 야생동물과 적을 해칠 수 있었다. 스페인과 프랑스의 동굴 벽화에
서는 이러한 사냥 도구에 관한 증거를 찾아볼 수 있다. 사냥 도구는 남
성들의 삶을 근본적으로 좀 더 편리하게 하였다.

3) 옷이 날개

인류의 조상들이 동물의 모피나 가죽 조각을 몸에 걸치게 된 것은 단지
비나 추위로부터 자신들을 보호하기 위해서만은 아니었을 것이다. 어쩌
면 인간의 허영이라는 동기부여가 있었을 수도 있다. 즉 BC 5000년에 살
았던 인류의 조상들은 아마나 목화와 같은 식물을 재배하는 것을 알고 있
었던 듯하다. 그리고 그것을 이용하여 견고한 옷을 만들었을 것이다. 단
순하지만 유용하게 사용한 베틀이 그것을 입증하고 있다. 오늘날처럼 그
당시에도 방직의 노동은 여성들과 아이들의 몫이었을 것이다. 그리고 약
4000년 후에 물레가 등장하여 직물생산의 혁명을 가져오게 되었다.

물레

4) 시간에 대한 관점

BC 4000년에 메소포타미아인들이 큰 파장을 몰고 올 새로운 발견을 할 때까지 수천 년 동안 일출과 일몰이 하루의 리듬을 정했다. 그들은 태양의 위치가 하루 동안에 어떻게 변하는지를 관찰하면서 얻은 지식을 이용하여 최초의 해시계를 고안했다. 수평의 석판 위에 수직의 해 막대를 고정시켰더니 그것의 그림자 끝이 표시된 선을 따라 움직였다. 시간을 측정할 수 있게 된 것이다. 그리고 이집트인들은 2500년 후에 편리하게 들고 다닐 수 있는 새 모델을 개발하게 되었다.

우리나라 해시계(세종 16년)

5) 섬세한 도자기

BC 3500년에 고안된 회전녹로는 인류의 발전을 이어가는 이정표로

들 수 있다. 이것은 도자기의 '대량 생산'을 가능하게 하였다. 이 역시 메소포타미아인들이 선구적인 역할을 한 덕분이었다. 그들로부터 새로운 기술이 크레타를 거쳐 그리스를 지나 지중해 서부까지 전파되었다. BC 1세기에 비로소 프톨레마이오스인들은 발로 작동시키는 녹로로 발전시켰다. 이것은 19세기까지 기본적 특징을 지니고 계속 사용되었다.

6) 파피루스(papyrus) 위에 끼적거려서 쓴 것

다른 사람들과 의사소통을 하고 중요하게 보이는 것들을 기록하는 것은 인간의 본성이다.

BC 3000년의 이집트 종족의 문자가 BC 4세기 말엽의 수메르 설형문자를 훨씬 능가하였다. 신성한 부호, 신의 말이나 상형문자가 생성되었던 것이다. 800개의 부호가 새로운 활자 체계를 포괄하고 그것으로 거대한 파라오 제국은 파피루스(갈대로 된 종이)에다 행정업무를 기록하였다.

고대 이집트의 상형문자

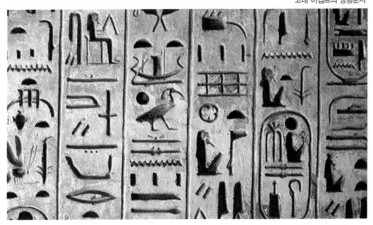

BC 1200년에 페니키아 종족은 스물두 자로 된 자음 알파벳을 발전시키는 데에 성공하였고, 그리스인들은 그것에 모음을 첨가하면서 보충하였다. 또한 인류의 조상들은 살육한 모든 동물들에 대해서 나무에다 새김 눈을 표시하면서 BC 3만 년부터 이미 수를 기록할 수 있었다.

! 위대한 한글

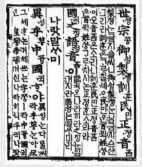

훈민정음

조선 세종 25(1443)년에 창제·반포한 자랑스러운 우리나라 글자. 1446년 반포될 당시에는 28 자모(字母)였지만, 현재는 24 자모만 쓴다.

우리는 삼국시대부터 이두(吏讀)와 구결(口訣)을 써 왔다. 구결은 본래 한문에 구두(句讀)를 떼는 데 쓰기 위한 일종의 보조적 편법에 지나지 않았고, 이두는 한국어를 표시할 수는 있었지만 한국어를 자유자재로 적을 수 없었으며, 그 표기법에 통일성이 없어서 설사 이두로써 족하다 해도 한자교육이 선행되어야 했다. 이러한 문자생활의 불편으로 배우기 쉽고 쓰기 쉬운 새로운 글자가 절실했다.

이에 세종은 집현전 학자들에게 우리만의 글자를 만들도록 명하여 드디어 1443년 음력 12월에 문자혁명의 결실을 보게 되었다. 훈민정음 창제의 취지는 세종이 손수 저술한 《훈민정음》 '예의편(例義篇)' 첫머리에 수록되어 있다.

'한국어는 중국말과 달라 한자를 가지고는 잘 표기할 수 없으며, 우리는 고유한 글자가 없어서 문자생활의 불편이 매우 심하다. 이런 뜻에서 새로 글자를 만들었으니 일상생활에 편하게 쓰라.'

창제 당시에 한글은 '훈민정음'이라 불렸으며, '한글'이라는 이름은 주시경(周時經)이 '국어연구학회'를 세워 훈민정음을 연구했는데, 이때가 일제 강점기여서 일본이 '국어'라는 말을 쓰지 못하게 하면서 '배달말글 OOOO'이라는 단체로 바꾸고 기관지인 「한글」을 펴내기 시작하면서 이 말이 널리 쓰이기 시작하였다. '한'은 '하나' 또는 '크다', '바르다'를 뜻하는 고유어에서 비롯되었는데 그 뜻은 '큰 글 가운데 오직 하나뿐인 좋은 글, 온 겨레가 한결같이 써온 글, 글 가운데 바른 글'이란 여러 뜻을 한데 모아 우리나라 글자에 대한 권위와 자부심을 부여한 것이다.

실지로 한글은 전 세계의 언어를 통틀어 유일하게 만든 사람을 알 수 있는 글자이다.

또한 1990년부터 유네스코가 세계 각국에서 문맹퇴치사업에 공헌을 한 단체나 개인에게 주는 상의 이름이 '세종대왕상'이기도 하다. 《훈민정음 해례본》은 1997년 유네스코 세계 기록 유산으로 등재되었다.

7) 달군 철

인류의 조상들은 이미 BC 3000년부터 청동과 금을 다루는 것에 익숙하였다. 1600년 후에 히타이트 종족은 철을 가공하는 기술을 배우게 되는데 뜨거운 불에 철을 달군 다음 차가운 물에 식히는 방법이었다.

철의 시대가 도래하자 인류의 삶이 변화하였다. 그리스인들과 로마인들은 후에 무기생산을 위해 철을 사용하였다. 그리고 BC 2세기에 금속은 인류의 일상에서 없어서는 안 되는 중요한 원료가 되었다. 공구, 못, 바퀴 그리고 수많은 것들이 금속으로 생산되었다.

8) 경작과 수송

철 가공과 수없이 이어지는 문화적인 개발을 수행할 수 있는 능력을 가졌다는 점에서 인간은 다른 창조물들과 구별된다. 인간은 후손을 계획적으로 부양하는 것에 능숙하기 때문에 진보하는 것이다. 사냥 그리고 자연이 제공하는 열매, 식물 그리고 모든 그 밖의 유용한 것의 수집과 더불어 그들은 BC 약 6000년에 들판에 관개(灌漑)하는 것도 배웠다. 메소포타미아인들은 그 당시에 이미 깊이 생각해서 고안해 낸 관개용 운하를 만들었던 것이다.

3000년 후에 이 문화 종족은 또한 수레바퀴를 고안하였다. 나무줄기를 원반으로 톱질하여 조각내고 그 원반을 축에다 고정시켜 차로 조립하였다. 의심할 여지없이 의미 있는 진보였지만 거대한 나무바퀴는 특

히 무거운 화물의 수송을 위해 적합하지 않았다. 그래도 메소포타미아 인들은 포기하지 않고 결국 1000년 후에 더 가벼운 수레바퀴의 살을 만들 때까지 계속 시도하였다.

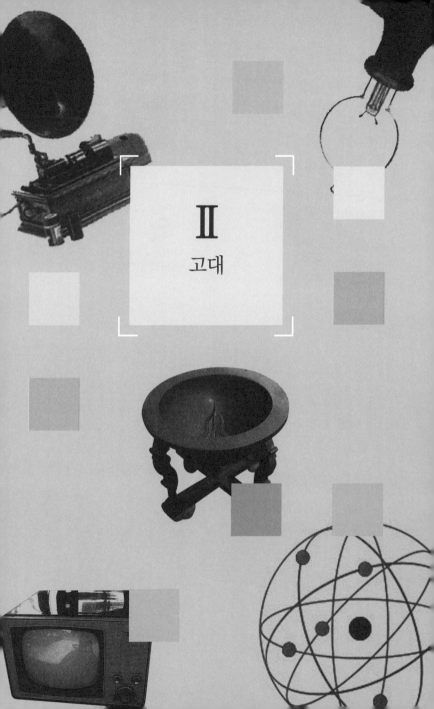

II

고대

최초의 인류가 발견했던 수많은 것들이 일반적으로 어떤 특정한 사람의 것이라고 간주할 수는 없다. 이러한 상황은 BC 약 1000년에야 비로소 고전적 고대의 시작과 함께 변하였다. 하지만 이어지는 수세기 동안 그리스인들과 로마인들이 발명하고 발전시

기자(Giza)의 피라미드

킨 많은 것들도 극동, 이집트 그리고 메소포타미아에서 유래한 초기 고도의 문화 없이는 불가능했을 것이다.

1. 임호텝(Imhotep)

— 사카라(Saqqara)의 계단식 피라미드(BC 2630)

오늘날에도 여전히 많은 여행객들이 파라오의 나라로 순례를 하고 있다. 돌로 된 유일한 불가사의를 가까이에서 직접 체험하기 위해서이다. 언제나 그렇듯이 장엄한 왕족의 묘비는 비상한 매력을 발산한다. BC 2630년부터 엄청난 무리의 노동자들이 바닥에서부터 발로 다진 피라미드는 사람들을 마법처럼 끌어당기는 비밀이자 수수께끼로 남아 있다.

파라오 스네프루(Pharaoh Snefru, BC 2575~BC 2551)는 '매끈한 피라미드' 건축의 고안자였다. 하지만 파라오 조세르(Djoser)와 그의 건축가 임호텝의 기여에도 감사해야 한다. 왜냐하면 그들이 BC 2630년 사카

임호텝

라(Saqqara)에서 계단식 마스타바(mastaba, 석실분묘, 돌·벽돌로 만든 귀인의 분묘.—역자 주)로 피라미드 시대의 시작을 알렸기 때문이다.

건축의 대가 임호텝을 우리는 만물의 천재라고 부른다. 그는 엄청난 능력을 소유한 학자이자 작가이며 건축가였다.

그때까지 사람들은 이집트의 왕들을 단순한 마스타바, 즉 지하 묘혈에 매장하였다. 그곳의 상층부 건축은 제식공간과 부장품을 보관해 두는 방으로 구성되었다. 조세르 묘지는 최초의 기념비적인 석조 건축이며, 6개의 층층으로 된 마스타바로 구성되어 있고, 60 미터의 높이에 달한다. 전체 건물 복합체는 신전 건물을 포함한 가로 275 미터, 세로 545 미터 크기의 면적이다. 그것은 10 미터의 높은 벽에 둘러싸여 있는데 조세르의 피라미드는 '진정한' 피라미드라 할 수는 없다. 왜냐하면 나중에 기자에 만들어진 가장 유명한 피라미드처럼 고상하고 매끈한 평면과 테두리로 되어 있지 않기 때문이다. 조세르의 피라미드는 다섯 개의 비스듬한 계단으로 구성되어

임호텝이 만든 계단식 피라미드

있다. 그렇기 때문에 계단식 피라미드라고 불린다.

카이로에서 서쪽으로 13 킬로미터 떨어진 곳에 위치한 기자의 암석고원 묘비 기념비들도 장엄한 피라미드에 속한다. 고왕국의 군주들인 쿠푸, 카프레 그리고 멘카우레의 기념비를 BC 2500년에 이집트의 네 번째 왕조의 왕들이 모두 건축했다. 인류의 가장 인상 깊은 건축술의 업적에 속하는 이 세 피라미드들은 단지 파라오의 어마어마한 기념비일 뿐만 아니라 또한 태양의 권좌로도 간주된다. 그것의 꼭대기에서 태양의 신 라(Ra)와 이집트 신의 왕이 결합되어야 한다고 믿었다.

모든 피라미드들이 높은 고도에는 죽은 이들의 사원, 계곡에는 연락통로와 사원으로 되어 있는 완전한 기념비적인 시설을 소유하고 있다. 쿠푸 피라미드의 바닥 면적은 53,000 제곱미터이며 147 미터의 높이로 세계에서 가장 높은 피라미드이다.

? 알고 넘어가기

BC 2750년에 이집트인들은 음력 달력을 도입했다. 1년을 365일로 확정한 시간 계산은 가장 밝은 항성 시리우스의 떠오름(출현)과 연결된다.

! 기자의 피라미드

기자의 피라미드를 위해 약 1만 명의 석공들이 가까운 채석장에서 끌질, 망치질 그리고 톱질로 수백만 톤의 무게에 달하는 큰 돌덩어리를 부수고 가공하였다. 수천 명의 노동자들이 이러한 큰 돌덩어리를 목재 썰매 위에 올려 경사면을 거쳐 피라미드까지 끌어올렸다. 가장 최근의 측정에 따르면 약 3만 6천 명의 미장이들, 기술자들 그리고 보조노동자들이 벽돌을 쌓기 위해 일했을 것으로 추정된다.

1) 영원한 휴식과 평온함

사람들은 어째서 그와 같은 기념비를 건축하기 위해서 애를 썼을까? 왕의 무덤 위 어마어마한 돌로 된 피라미드를 세운 목적은 왕들의 육체를 파괴하지 않고 영원히 보존하기 위해서였다. 또한 접근하기 힘들게 하여 무덤에서 쉬고 있는 미라를 만질 수 없게 하기 위함이었는데, 그 누구도 죽은 이의 휴식을 방해해서는 안 된다는 생각에서였다. 그렇기 때문에 왕들과 여왕들의 비밀스러운 무덤으로 통하는 길은 좁고 구불구불한 석회랑과 미로로 만들어졌다. 침입자들로부터 보호하려고 했던 것이다.

그러나 화강암덩어리로 여러 번 차단한 통로를 만들어 놓았어도 도굴꾼들이 관이 있는 방까지 밀고 들어오는 것을 막을 수는 없었다. 부장품으로써 가장 고귀한 보물들이 보관되어 있는 왕들과 여왕들의 무덤은 이미 고대 때에 약탈당했다.

2. 메가라(Megara)에서 온 에우팔리노스(Eupalinos)
— 귀중한 식수를 조달하다(BC 500)

수리시설공사는 최초의 고도문화가 생성될 때에 결정적인 역할을 하였다. 문화의 땅을 확보하고 비옥한 대지에 물을 대기 위해서, 이주지와 도시에 식수를 조달하기 위해서, 그리고 폐수를 제거하기 위해서였다.

메가라의 에우팔리노스가 에게 해에 있는 그리스의 섬 사모스에서 실행했던 이것은 그냥 세계의 불가사의에 속하는 것이 아니었다.

메가라의 에우팔리노스 터널은 건축학적으로나 기술적으로 대단한 업적이다. 이 터널은 암펠로스(Ampelos) 산의 북쪽 언덕까지 지하로 900 미터 이상 이어지는 고대 수도(송수로)의 중심부위이다. 수도는

에우팔리노스 터널

송수로 가르교

1,036 미터 길이의 터널에서 산등성이를 횡단하며, 이어지는 500 미터는 우물까지 연결되어 있었다.

송수로를 만드는 것은 쉬운 일이 아니다. 수많은 전문가들이 암석을 통과하면서 양쪽에서 동시에 파낸다. 양쪽의 통로가 마주치는 지점을 확보하기 위해서 수차례의 방향전환이 불가피하다.

물을 끌어들이기 위해서는 약 1,500 세제곱미터의 암석을 파내야만 한다. 수로가 있는 터널을 만들기 위해서는 약 5,000 세제곱미터, 그리고 도시의 수도공급을 위해서는 500 세제곱미터를 파내야만 한다.

약 10년 동안 노동자들은 단지 망치와 끌의 단순한 장비로만 일했다. 그러한 노력이 있었기에 이어지는 1000년 동안 사모스 섬의 거주자들은 신선한 물을 마실 수 있었다.

1) 최고의 물 – 고대의 수도

로마인들은 신선한 물의 공급을 조달하고 수년 뒤에는 세계 최고의 수도 체계를 만들었다. 로마가 아직 상대적으로 작은 도시였을 때 물의 공급은 샘이나 온천, 티베르 강의 물로 조달되었다. 그리고 오염되는 것을 막기 위해서 샘 위에 제단을 설치했다. 하지만 도시의 끊임없

토마르(Tomar)에 있는 송수로

는 성장으로 주민들은 점점 기능이 악화되는 물의 조달(공급)에 대해 불만을 터뜨리기 시작했다. 또 증가하는 인구와 비례하여 신선한 물에 대한 욕구도 높아졌다. 로마는 아주 따뜻한 기후의 지대였기에 티베르 강의 물은 길어지는 여름 더위로 더 이상 마실 수 없게 되었다. 그래서 BC 312년 도시 수장들은 16 킬로미터나 되는 최초의 수도 아쿠아 아피아(Aqua Appia)를 건축했는데 하루 73,000 세제곱미터의 용량을 공급했다.

송수로는 열린 터널과 닫힌 터널로 구성되며 대부분 돌로 된 높은 아치 구조 위에 만들어졌다. 가벼운 경사가 있는 배수구를 통해서 산의 물이 계곡과 평지를 거쳐 도시로 흘렀다. 이 긴 길이의 수도는 가정과 온천 시설에 신선한 물을 공급하며 오염물을 운반해 갔다.

포르타 마기오르

가장 웅대한 송수로는 기원후 53년에 완성된 아쿠아 클라우디아 (Aqua Claudia)이다. 로마 이전에는 69 킬로미터 길이의 긴 수도가 아치 형으로 이어졌다. 가장 눈에 띄는 요소는 포르타 마기오르(Porta Maggiore)로 알려진 기념비적인 이중 아치이다.

9개의 오래된 송수로는 매일 약 990,000 세제곱미터의 용량을 공급했다. 그것에 관해서는 수도관 체계에 관한 감독 프론티누스 (Frontinus, 기원후 97)의 기록을 통해서 확실한 것을 알 수 있다. 그러한 점으로 봐서 로마는 의심할 여지없이 고대세계에서 가장 물의 공급이 잘되었던 도시임에 틀림없다.

거대한 규모의 공공 목욕시설은 로마인들이 가장 선호하는 만남의 장소였다. 그중의 일부는 아주 호화로운 시설로 되어 있고, 거대한 카라칼라 온천은 매일 1천 명 이상의 사람들이 이용할 수 있었다. 엄청난 양의 물 사용을 감당할 수 있도록 영주이자 정치가인 아그리파(Agrippa, BC 63~12)는 별도의 수도를 설치하도록 했다. 게다가 그 당시 우물 700개 그리고 150개의 온천에 충분한 물을 공급해야 했다.

마르쿠스 아우렐리우스 안토니우스 카라칼라
(Marcus Aurelius Antonius Caracalla)

고대 로마의 목욕탕이었던 카라칼라

3. 코스(Kos) 섬의 히포크라테스(Hippocrates)
— 현대의학(BC 420)

그의 이름은 오늘날에도 여전히 인구에 회자된다. 하지만 우리는 이 위대한 사람의 삶과 작품에 대해서는 그리 잘 알지 못한다. 하지만 히포크라테스(Hippocrates, BC 460~BC 377?)는 최초의 '현대의'이며 '합리적-경험주의 의학'의 창시자라는 것은 확실하게 알고 있다. 그는 과

히포크라테스

학적 의학의 창시자이기도 하며, 또한 유럽의학의 아버지로도 간주된다. 히포크라테스의 가족 구성원을 아스클레피아데로 표현하는데 그 이름은 의술의 신 아스클레피아스(Asclepias)를 그들의 선조라고 이용한데서 유래한다.

히포크라테스는 어렸을 때부터 가족 전통에 따라 아버지로부터 의사의 직업과 의학을 받아들이게 되었다. 그 이후에 소아시아와 그리스를 여행하는 동안 여행지에서 진료를 하였다. 그는 코스로 돌아와 그곳에서 책을 집필하고 자신의 학교에서 의학을 가르치며 존경받는 삶을 살았다.

히포크라테스의 이름으로 BC 420년 《코르쿠스 히포크라티쿰 Corpus Hippocraticum》(히포크라테스 전집, 약 60권으로 집약된 텍스트의 모음이며 약 20명의 의학자들이 협력했다.— 역자 주)이 만들어졌다. 인체의 생리나 병리(病理)에 관한 그의 사고방식은 체액론(體液論)에 근거한 것으로, 인체는 불·물·공기·흙이라는 4원소로 되어 있고, 인간의 생활은 그에 상응하는 혈액·점액·황담즙(黃膽汁)·흑담즙(黑膽汁)의 네 가지에 의해 이루어진다고 생각하였다. 이들 네 가지 액(液)의 조화가 잘 이루어졌을 때는 '에우크라지에(eukrasie)'라고 불렀고, 반대로 그 조화가 깨졌을 경우를 '디스크라지에(dyskrasie)'라 하여, 이때에 병이 생긴다고 하였다. 그렇기 때문에 그는 병자들을 잘 관찰하는 것이 의사들이 해야 할 가장 중요한 일 중의 하나라고 보았다.

진단과 치료의 적용에 대한 체계적인 관찰을 특별히 중요시 여기면서 그는 신과 마법의 힘에 연결된 의학의 전통을 깼다. 병은 그 이후로 더 이상 신이 보내 준 재앙이 아니라 자연적인 방식으로 치료될 수 있는, 자연적인 원인에서 출발하는 것으로 간주되었다.

? 알고 넘어가기

히포크라테스로부터 질병을 예방하는 예방의학의 개념이 유래한다. 〈치료요양과 급성 질병의 치료〉라는 글에서 의사들은 건강과 회복을 위해 필요한 영양의 역할 뿐만 아니라 또한 생활양식의 의미를 강조하였다.

'모든 것에 적당하도록 하라. 깨끗한 공기를 마시고 매일 피부 관리와 육체적 운동을 하라. 머리를 차게 유지하고 발을 따뜻하게 하라. 그리고 조그만 통증이라도 의술을 통해서보다는 금식을 통해서 치료하라.'

1) 히포크라테스 선서

히포크라테스 전집은 수많은 병자들의 이야기, 명제와 더불어 유명한 히포크라테스 선서를 포함하고 있다. 히포크라테스 전집은 고대의 지각 있는 의사 전체를 대변하는 것이다. 히포크라테스 선서는 의사의 양성, 의사와 환자의 관계, 의사라는 직업 그리고 그것의 행위전략에 대한 원칙을 제공한다.

'나의 의술을 주관하는 아폴론과 아스클레피아스, 하기에이아, 파나케이아를 포함한 모든 신들과 여신들 앞에서 나는 최고의 판단력과 능력에 따라 이 선서와 의무를 수행할 것이라고 맹세한다.

많은 집을 방문하게 되더라도 환자에게 도움을 줄 것이며, 모든 부당한 행위와 모든 나쁜 품행과는 거리를 둘 것이다.

아리스토텔레스(왼쪽)와 히포크라테스(오른쪽)

환자를 치료하기 위해서 조언을 하고, 처방을 내릴 때 내가 알고 있는 모든 지식을 양심적으로 가르쳐 줄 것이다. 게다가 나의 환자에게 해가 될 수 있거나 부당하게 행해지는 모든 것으로부터 그들을 보호할 것이다.'

4. 유클리드(Euclid)
— 기하학의 시작(BC 300)

유클리드

모든 시대를 망라하여 가장 의미 있는 수학책은 13권으로 집약된 《기하학 원론 *Elements*》이다. 그것은 수학자 유클리드(BC 330?~BC 275?)가 직접 기술한 것이다. 유클리드는 그 안에서 그의 이름을 따서 불리는 유클리드 기하학의 공식을 형성한다. 그것은 수백 년 동안 기하학의 토대와 세상의 수학적인 이해를 위한 기초를 완전하게 서술하고 있다.

유클리드가 이 책에서 제시하는 계산의 대다수(주요 부분)는 밀레투스의 탈레스(Thales of Miletus, BC 624?~BC 546?)와 피타고라스(Pythagoras BC 582~BC 496)와 같은 초기의 탁월한 수학자들로부터 기인하였다.

탈레스는 지속적으로 여행하는 것을 좋아했다. 예를 들면 이집트로 여행을 갔을 때 그곳에서 그는 깨달음을 얻게 되었다. 하나의 선 위에 있는 반원 안의 모든 모서리각은 정확히 90도가 된다는 것을 처음으로 엄격하게 공식화했다. 그것에 따르면 직각삼각형의 빗변(사변) 위에 있는 반원은 또한 탈레스 원이라고 불린다. 수학에 잘 알려진 것으로 가장 의미 있는 것은 피타고라스의 정리($a^2 + b^2 = c^2$)이다. 그것에 따르면 직각삼각형에서 직각을 끼고 있는 두 변을 각각 제곱하여 합한 것이 사변을 제곱한 것과 같다는 것이다. 여기서 직각에 가까이에 있는 변들은 직각을 끼고 있는 두 변들을 말하며 직각의 반대편에 놓여 있는 것은 사변을 말한다.

❗ 불멸의 영혼에 관한 믿음

피타고라스는 또한 자연철학자로 알려져 있다. 그와 그의 추종자들은 다양한 비밀의식과 마찬가지로 고대의 비밀교의 사상을 받아들였다. 영혼의 불멸, 윤회와 환생을 믿었던 것이다. 피타고라스학파 철학자들의 목표는 육체로부터의 영혼의 해방(구제)이며, 그것은 단지 도덕적으로 비난의 여지가 없는 삶을 통해서 달성될 수 있다. 도덕적으로 선한 삶을 살기 위해서 피타고라스학파의 철학자들은 항상 똑같은 육체적 상태에 머물러야 한다고 주장했다. 항상 똑같은 몸무게와 같은 기분(부드럽고 즐거운 기분)을 유지하도록 해야 하며, 또한 동물을 죽여서도 안 되고 먹어서도 안 된다는 생각이었다. 왜냐하면 그들의 견해에 따르면 우리가 다시 동물로 환생할 수도 있기 때문이다.

1) 체계적인 수집가

(기하학 원론)의 영어판 표지

유클리드의 뛰어난 업적은 단지 그가 자신의 동료들의 명제를 수집한다는 것에만 있지 않다. 그는 그것들을 통일적인 형태로 서술하고 깨달은 법칙을 또한 논리적으로 증명하고자 했다. 유클리드의 《기하학 원론》은 기하학을 다뤘을 뿐만 아니라 계산법을 정확하게 하기 위해서 계산법과 더불어 가분성과 가장 큰 공통분모들의 개념과 같은 정수론의 발생을 포괄하고 있다. 유클리드는 수많은 소수가 무한하게 존재하고 2의 제곱근은 비합리적이라고 증명했다. 그의 기하학적 명제의 체계는 약 2000년 동안 명백하게 유지되었다.

유클리드의 삶에 대해서는 그리 많이 알려져 있지 않다. 그는 아리스토텔레스 이후에 한 세대를 살았으며 아르키메데스 이전에 한 세대를 살았다. 유클리드는 아마도 아테네에 있는 플라톤의 아카데미 학생이었을 것이다. 그 아카데미가 당시에는 헬레니즘 세계의 가장 중요한 수학 학교였다. 그 이후에 그는 알렉산드리아에서 기하학을 교수했으며, 그곳에서 새로운 수학 학교를 세웠다.(그곳에서 후에 아르키메데스가 수학했다.)

5. 사모스(Samos) 섬의 아리스타르코스(Aristarchos)
— 태양의 주위를 도는 지구(BC 280)

BC 310년 사모스 섬에서 태어난 아리스타르코스(BC 310?~BC 230?)는 의심할 여지없이 고대의 천재적인 천문학자이다. 오늘날의 관점에서 봤을 때 그가 태양 중심의 우주상을 명백하게 대표한다는 것이 그의 위대한 업적이다. 그는 지구가 우주의 중심에 있다는 견해를 부정했다. 태양이 지구의 주위를 도는 것이 아니라 지구가 태양의 주위를 돈다. 아리스타르코스는 신이 존재하지 않는다는 혁명적인 우주상(세계상) 때문에 고소를 당하였다. 왜냐하면 세상의 중심이라고 생각했던 지구가 움직이는 것이라고 자신의 이론에 명시했기 때문이다.

아리스타르코스는 그리스의 철학자 람프사코스의 스트라톤(Straton of Lampsacus, BC ?~BC 269)의 제자이며 알렉산드리아와 아테네에서 수학하였다. 그가 살던 시대에는 지구를 공간적으로 제한된 우주의 중심으로 간주하는 지구 중심적 세계상이 지배적이었다. 이러한 확신을 가지고 있는 가장 대표적인 인물이 아리스토텔레스(Aristoteles, BC 384~BC 322)이며 그는 지구의 구형을 증명했다. 그는 달 위에 비치는 원 모양의 지구 그림자로 이러한 인식의 기초를

아리스타르코스 동상

성립했다. 하지만 거기에는 몇몇 별들이 지구 주위를 회전하는 대신에 이리저리 움직인다는 사실과 같은 오류는 무시되었다.

1) 세상의 중심은 태양이다

아리스타르코스는 그와 같은 '비밀'을 믿을 수도 없고 믿고 싶지도 않았다. 그에게 태양은 움직이지 않는 우주의 중심인 반면에 지구와 모든 다른 행성들은 천체의 적도 반대편으로 기울어진 궤도 위에서 태양의 주위를 돈다는 생각이었다. 게다가 그는 지구가 하루에 한 번 자신의 회전축을 중심으로 한 바퀴 돈다고 인식했다. 반면에 태양과 항성은 움직이지 않고 그대로 있다는 생각이었다.

아리스타르코스는 어떻게 이러한 생각을 하게 되었을까? 그의 유일한 집필 《태양과 달의 크기와 거리에 관해서》에서 그는 기하학적인 생각의 도움으로 '지구/태양 그리고 지구/달의 거리' 관계를 확정했다. 물론 그것의 결과는 20배나 작지만(부정확한 측도술로 인해) 수학적으로 그의 방식은 정확했다. 근대까지는 '지구/달의 거리로 지구/태양의 거리'를 추론하는 유일한 가능성을 제시했다.

아리스타르코스의 생각을 16세기에 니콜라우스 코페르니쿠스 (1473~1543)가 받아들였다. 그것은 바로 그에게 파문을 가져왔다.

? 알고 넘어가기

별을 세고 목록을 만드는 노력을 했던 최초의 사람이 그리스의 천문학자 클라디우스 프톨레마이오스(Claudius Ptolemaeus)이다. 그는 기원후 약 100~160년에 이집트에서 살았다. 당시에 그는 1,022개의 별을 관찰하였다. 그 관찰을 13권의 책 《수학적 천문학의 대집약서 *Megale mathematike syntaxis tes astronomias*》에 기록하였다. 이 책은 중세까지 천문학의 기본서로 남게 되었다. 아리스타르코스와는 반대로 프

톨레마이오스는 지구가 중심에 있으며 태양과 달이 원형의 궤도 위에서 지구를 중심으로 돈다는 전제를 달고 있다.

프톨레마이오스의 우주도

6. 아르키메데스(Archimedes)
— 원(BC 250)

아르키메데스

어떤 시대에서든 빼놓을 수 없는 수학자들 중의 한 사람이었던 아르키메데스는 제2차 포에니전쟁에서 시라쿠스를 방어하기 위해 참여함으로써 엄청난 명성을 얻었다. BC 287년에 태어난 사상가이자 연구가 아르키메데스는 거대한 투석기와 일광반사기를 가지고 있는 로마인들이 도시 시라쿠스를 정복하는 것을 실질적으로 직접 저지하였다고 한다.

그때까지 수염을 기른 시칠리아인들의 삶은 오히려 평온하였다. 전쟁이 아닌 학문과 연구가 그들의 삶의 근본이었다. 아르키메데스는 시칠리아의 항구도시 시라쿠스에서 성장하고 그곳에서 그의 삶 대부분의 시간을 보냈다. 그의 아버지 피디아스(Phidias)는 천문학자이자 시칠리아의 왕 히에론 2세의 친구이다. 그는 그 당시 그리스 문화의 중심을 이루고 전설적인 도서관이 있었던 이집트의 도시 알렉산드리아에서 수학했다.

아르키메데스는 이론이란, 실험을 통해서 기초를 세우고 인식해야 하는 것이라고 믿고 있었다. 그래서 물리적 현상에 규칙을 세우고 그것을 수학적으로 이해하도록 했다. 유클리드와 함께 그는 뉴턴이나 갈릴레이 같은 후기의 과학자들에게 결정적인 영향력을 미쳤다.

1) 원의 정사각형 만들기(풀 수 없는 과제)

아르키메데스는 한 원의 둘레와 그것의 지름은 반지름을 제곱한 것에 대한 원의 면적처럼 똑같이 서로 비례한다는 것을 수학적으로 증명했다. 그는 반지름을 제곱한 것에 대한 원의 면적의 비례(오늘날은 원주율이라고 표현된다.—역자 주)를 아직 파이(Pi)라고 부르지는 않았지만 어떻게 그와 같은 비례에 임의의 정확성까지 접근할 수 있었는지를 가르쳤다. BC 5세기 때부터 이미 한 원의 면적은 항상 그것의 지름을 제곱한 것과 똑같이 비례한다는 것이 알려졌다. 물론 이러한 비례를 정확하게 계산할 수 있는 수학적인 기초가 부족했다.

수학자들은 지레법칙과 중심법칙을 증명하고 게다가 굴곡이 있는 물체의 부피계산과 표면계산을 위한 공식을 발견했다. 그리고 적분법과 대수를 발명하고 액체 안에서의 물체의 유체정역학(정수학상의)적 부력법칙을 설명했다. 이것으로 그는 최초로 사람의 몸이 수영할 수 있는 이

유를 수학적으로 설명할 수 있게 되었다.

아르키메데스는 자신의 학문적 연구와 발견이 다가오는 수천 년에 얼마나 어마어마한 결과를 미치게 될지에 관해서 그 당시에는 아무런 예견도 하지 못했다. 아르키메데스가 없었다면 분명히 수많은 기술적이고 수학적인 발전이 훨씬 후에, 또는 매우 다르게 진행되었을 것이다.

전하는 말에 의하면 아르키메데스는 분명 자신의 연구를 위해서 헌신적으로 희생한 학자였다고 한다. BC 212년 로마인들이 침입했을 때 그는 자신의 연구에 깊이 몰두하고 있었다. 로마 병사가 아르키메데스의 집에 들어섰을 때 그는 병사를 거들떠보지도 않았다. 그것이 병사를 화나게 했다. '나의 원을 파괴하지 말라.'는 마지막 말을 남기고 그 병사에 의해 죽임을 당했다. 그 병사는 얼마나 천재적인 학자가 자신 앞에 있었는지 알 리가 없었을 것이다. 여하튼 로마의 사령관 마르셀루스(Marcellus)는 죽은 아르키메데스에게 존경을 표했다. 그는 천재적인 저항인을 위해 명예로운 장례식을 마련해 주었다. 아르키메데스의 무덤은 오늘날에도 시칠리아에 남아 있다.

❓ 유레카(HEUREKA!)

어느 날 아르키메데스는 매우 난감한 과제에 부딪혔다. 그는 왕의 왕관이 순금으로 되어 있는지 아니면 질이 낮은 합금으로 되어 있는지를 알아내야 했다. 문제는 금의 질량을 측정하기 위해서 왕의 왕관을 녹일 수도 없다는 것이었다. 그 시대의 사람들은 금의 전형적인 무게를 이미 알고 있었다. 하지만 이 경우에는 그것도 아무런 소용이 없었다.

긴장을 풀기 위해서 아르키메데스는 우선 목욕을 하기로 했다. 하지만 그의 부주의함으로 욕탕의 물이 욕조의 테두리까지 찰랑찰랑 차게 되었다. 그가 욕탕 안으로 들어가자 물이 욕조 밖으로 넘쳐흘렀는데 그는 그때 깨달음에 이르게 되었다. 왕관을 물에 떠오르도록 할 때 넘쳐흐르는 물이 왕관과 같은 부피를 가질 것이다. 부피와 무게의

아르키메데스

측면에서 왕관의 금 함유량을 쉽게 규정할 수 있을 터였다. 아르키메데스는 자신의 놀라운 발견이 믿기지 않았다. 그는 너무나도 기쁜 나머지 벌거벗은 채 거리로 뛰쳐나가 외쳤다.

"유레카!(내가 알아냈다!)"

III

중세

오랜 기간 동안 수많은 사람들이 지구는 우주의 중심에 있는 하나의 원반이라고 믿었다. 아리스토텔레스와 프톨레마이오스가 주장하는 지구 중심의 세계상은 중세에도 역시 의심의 여지없이 받아들여졌다. 잊지 말아야 할 것은 이러한 세계상이 유일하게 옳은 것이라는 것을 교회에서 가르쳤다는 것이다. 지구가 단지 아주 작고 보잘것없는 별일 수 있다는 것이 대부분의 사람들에게는 여전히 상상도 할 수 없는 일이었다.

태피스트리에 묘사된 중세

1. 아리스토텔레스(Aristoteles)
— 세계상

천체(성좌)는 각기 다른 방식이기는 하지만 모든 시대에 걸쳐서 인간들의 세계상에 근본적인 영향을 미쳤다. 사람들은 바로 이해할 수 없거나 설명할 수 없는 것은 더 높은 권력과 빠르게 연결시킨다. 오늘날에도 신적인 권력을 가진 인간들을 우주의 중심에 내세운 수많은 종교적인 교리가 존재한다. 아리스토텔레스로부터 출발해서 중세의 학자들은 세

아리스토텔레스

상이 흙, 물, 공기 그리고 불이라는 요소로 구성된다고 믿었다. 모든 요소가 고유한 영역을 형성하고, 이 요소들의 동심원 사이의 면적은 서로 포개지고 공동의 중심을 가진다. 흙은 물의 공간에 의해 둘러싸인 가장 안쪽의 영역이다. 그 다음에 공기와 불이 이어지며 마지막은 천구(천체)의 영역이다.

중세는 고대와 근대 사이에 놓인 암울한 시기였다. 근대는 종교개혁에 의해 도입되었으며, 중세는 신분에 따라 계급이 나눠진 사회로 예술과 학문에서도 기독교 정신에 근본을 두고 아리스토텔레스의 사상에 입각한 통일적인 세계상이 특징적이다. 시간적으로는 476년 서로마제국의 몰락과 관련이 있으며, 민족이동(4~6세기)에서부터 종교개혁(1517년)의 시대까지를 말한다. 종교개혁은 구텐베르크의 인쇄술 지지를 받아서 교회의 정보독점(모노폴)을 깨트리고 그것으로 중세시대에 장악한 모든 권좌는 막을 내렸다.

비록 암흑의 시기가 결코 발명과 발견을 위한 최고의 전제를 제공하지는 않았다고 하더라도 이 시기에 인류의 진보를 가져다 준 다양한 영역에서의 선구적인 업적들이 있었다.

2. 이븐 알 하이탐(Ibn al Haitham)
— 인간의 눈(1010)

이븐 알 하이탐은 당연히 이슬람의 위대한 학자들과 자연연구가들 중 대표적인 인물에 속한다. 그의 연구는 광학의 발전에 중대한 영향을 미쳤다. 그는 읽기용 돌의 발명으로 결국 안경의 발전에 기여하는 선구자가 되었다. '빛은 어떻게 전파되는가?' 그리고 '보는 것은 어떻게 작용하는가?'라는 질문들에 대한 그의 답변은 17세기까지만 해도 획기적이었다. 알 하이탐은 1010년에 시각진행에 대한 이해와 유리 렌즈와 거울의 효과에 대한 이론적인 토대를 광선과 연관하여 전달하였다. 그렇게 그는 최초로 유리공의 일부가 대상을 확대해서 나타나도록 한다는 것을 제시하였다.

이븐 알 하이탐(중세에는 알 하젠이라고 불리었다.)은 소위 말하는 이슬람 문화권의 '황금세기'에 살았으며 이슬람의 시간계산에 따르면 3세기와 4세기에, 우리의 시간계산에 따르면 기원후 965?~1039?년에 살았던 인물이다. 그는 그리스 학자들의 의미 있는 의학서적을 번역하고 논평했으며, 광학, 수학, 물리학, 천문학, 우주론 그리고 신학의 영역까지 언급되는 주제들에 관심을 가졌다. 그는 카이로에서 거주하였는데 칼리프 알 하킨(Kalif al Hakin)이 그를 힘닿는 데까지 후원하였다.

1) 중세의 시각이론

아마도 가장 중요한 작품 《광학의 책 *Kitab al Manazir*》은 중세에 광학적 이해를 위한 토대를 구축한다. 그때까지 시각에 대해서는 두 가지

이븐 알 하이탐

가 상반되며 오늘날의 관점에서 봤을 때는 모험적인 논제가 지배적이다. '송신이론'은 눈의 광선이 인간의 눈에서 나와서 노출된 대상에 충돌했을 때 그 대상의 복사가 눈으로 되돌아 수송된다고 가정한다. '수신이론'은 알려지지 않은 현상들이 대상으로부터 나와서 대상을 인식하도록 눈을 자극한다고 믿었다. 알 하젠은 그의 그리스 선임들과는 달리 빛을 통한 시각진행을 설명했다. 그 빛은 대상을 반사하고 그 다음에 직선으로 눈으로 이어지며 모든 매체를 통해서 굴절되지 않고 눈의 중심까지 밀려든다. 그는 눈의 렌즈가 빛의 자국의 수신자이며, 빛의 자국은 터널을 거쳐 두뇌로 전달된다고 추측했다. 그리고 이어서 그는 색을 보는 것, 잔상 그리고 자극한계, 즉 인식해야만 하는 일정한 최소한계치에 도달해야만 하는 자극에 대한 고민을 했다.

《광학의 책》의 처음에서 무슬림 연구가는 눈의 구성과 구조를 설명했다. 네 부분의 안막, 즉 각막, 건막, 홍채 그리고 망막에 대해 먼저 보고했다. 그리고 세 부분의 액체인 안방수, 렌즈 그리고 수정체의 순서였다. 그의 견해에 따르면 두뇌의 전면부위로부터 두 개의 움푹 들어간 시신경이 눈으로 연결된다.

광학에 대한 알 하젠의 조사는 17세
기의 유명한 학자들의 작업에 영향을
미쳤다. 17세기에 요하네스 케플러
(Johannes Kepler, 1571~1630)가 근대
의 시각이론을 발전시켰다.

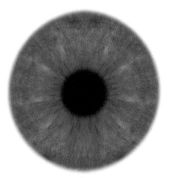

눈

? 알고 넘어가기

렌즈의 굴절 힘은 이미 고대에 잘 알려져 있었
지만 시각 보조로써의 가치는 잘 알려지지 않
았다. (노)플리니우스(Plinius, 23~79)가 언급
한 네로(Nero, 37~68)의 에메랄드처럼(그렇게
황제는 검투사의 결투를 구경했다.) 눈앞에 걸
친 유리와 돌은 아마 단지 햇빛 보호물로써만
사용되었을 것이다. 알 하젠에 와서야 비로소
렌즈가 확대되어 보이는 영향력 때문에 시각보
조로써 사용하는 가능성이 제시된다.

네로, 대리석 입상

3. 스피나(Spina)의 알렉산더(Alexander)
— 최초의 안경(1299)

로마의 법률가, 정치가 그리고 작가인 마르쿠스 툴리우스 키케로

(Marcus Tullius Cicero, BC 106~43)는 노화가 진행되면서 자신의 시력이 떨어지고 있는 것에 대해 편지에 한탄한 적이 있다. 그는 자신을 위해 노예들이 대신 책을 읽도록 하는 방법밖에 없다고 썼는데, 그것은 그만의 문제가 아니라 수많은 사람들이 제시하였던 문제였다. 그렇게 중세의 수많은 작가와 학자들이 자신들의 약해지는 시력 때문에 작업과 연구를 중단해야만 했다.

에라즘 골렉 비텔로(Erazm Golek Witelo, 1220~1275)는 아랍인 이븐 알 하이탐의 《광학의 책》을 라틴어로 번역했다.

1) 독서보조에서 안경까지

서유럽의 수도승들은 연구가들의 생각을 받아들여 반구형의 평면 볼록렌즈를 제작하기 시작했다. 이러한 최초의 독서보조기는 그것의 편편한 평면을 책 위에다 놓았을 때 글자가 놀라울 정도로 확대되었다. 읽기용 돌은 대부분 수정과 베릴(녹주석)로, 제작되고 한 면은 매끈하고 다른 한 면은 밖으로 볼록 나왔다. 베릴(Beryll)로 세공한 렌즈를 '브릴(Brill)'이라고 부르는 것을 보면 어디서 오늘날의 독서보조기(Brille, 안경)에 대한 이름이 유래했는지 명확해진다.

13세기 말경에 구결(球缺)을 좀 더 평평하게 세공하고, 그것과 눈의 간격을 좀 더 가까워지도록 했다. 사람들은 그것을 사용함으로 인해 나타나는 좀 더 커지는 시야의 장점을 인식하고 그와 같은 렌즈의 두 가지 개선에 기여하였다. 그것을 보호하고 좀 더 용이하게 관리하기 위해서 테를 준비하여 서로 결합하였다. 비로소 리벳 안경이 고안된 것이다. 그것의 원조는 도미니크수도회 수도승 알렉산더 폰 스피나(Alexander von Spina,

수정과 베릴(녹주석)

?~1313)이다. 그는 두 개의 유리를 테의 손잡이에다 리벳(rivet)을 박은 다음 죄었다. 사람들은 그것을 눈앞에 대거나 코에다 눌러 사용했다.

피사의 성 카타리나 수도원에 있는 도미니크 수도회의 연대기(역사)에서 1313년 죽은 알렉산더 형제에 대한 기록이 발견되었다. '겸손하고

선한 스피나의 알렉산더 형제는 그들이 보았거나 들었던 모든 결과물들을 완성했다. 그는 안경을 제작했지만, 사실 안경은 알렉산더 형제보다 다른 누군가가 먼저 만들었다. 하지만 그것에 관한 어떤 기록도 남아 있지 않아서 알렉산더 형제는 고심하여 안경을 제작하였으며, 기쁜 마음으로 그것을 확산시켰다.'

알렉산더의 발명은 빠르게 이탈리아를 넘어서 확산되었다. 해가 거듭될수록 초기 모델의 '안경' 은 점점 더 발전되고 향상되었다.

❗ 최초로 안경을 쓴 사람

14세기에는 읽기와 쓰기의 기술을 거의 전적으로 수도원에서 가르쳤기 때문에 수도승들이 당연히 최초의 안경을 쓴 사람들일 것이다. 뉘른베르크 출신의 유리공은 이탈리아를 여행하는 동안에 안경 세공을 배우게 되고 이 기술을 독일로 가져왔다. 이미 1535년에 뉘른베르크에는 최초의 안경을 만드는 길드(guild, 중세 시대에 상공업자들이 만든 상호 부조적인 동업 조합.—역자 주)가 만들어졌다.

4. 베르톨트 슈바르츠(Berthold Schwarz)

— 유럽에 대포를 가져오다(1370)

큰 파장을 몰고 온 중세의 발명들 중의 하나인 화약은 중국으로부터 우회하여 유럽에 도착하였다. 중국에서는 이미 1000년 이전에 질산칼륨, 목탄 그리고 유황으로 구성된 흑색화약이 발명되었다. 그 후 중국인들은 최초의 로켓을 쏘아 올렸다. 그 당시에는 불화살로써 '나는 불 (Flying Fire)' 로 명명되었다. 그리고 곧 흑색화약은 전쟁목적으로 최초로 투입되었는데 적군을 불안하게 하고 교란시키기 위해서 사용되었다.

그리고 얼마 후 최초의 단순한 대포가 등장하였는데 그것이 오늘날 무기의 기본이 되었다.

13세기 말경에는 네덜란드의 선원이 흑색화약의 지식을 유럽으로 가지고 왔다. 프라이부르크 출신의 수도승과 연금술사 베르톨트 슈바르츠는 최초로 작동하는 대포를 손에 넣을 때까지 오랫동안 이런저런 실험을 거듭하였다.

베르톨트 슈바르츠

'불의 화약'의 생산은 점차적으로 돈벌이가 되었지만 대포의 화약을 생산할 경우에는 사형이 내려졌다. 연금술사 슈바르츠는 종교재판에 고소당하게 되자 수도원에 숨어 있게 되었다. 하지만 얼마 지나지 않아 그는 밀고 되어 처형당했다.

흑색화약이 들어오던 시기에 영국에서 로저 베이컨(Roger Bacon, 1220~1292)은 흑색화약의 기본구성 성분을 함유하고 있는 재료들로 실험하였다. 그의 집

로저 베이컨

필 기록을 통해 그 내용을 상세히 알 수 있다. '전체의 무게를 30이라고 하자. 그중에서 질산염이 7, 어린 개암나무가 5, 그리고 유황이 5를 차지한다. 이 기술을 알고 있다면 천둥과 파괴를 불러일으킬 수도 있다.'

전쟁으로 인한 상실과 파괴는 폭발효과의 발견으로 인해 광범위해졌다. 대포는 유럽에서의 전쟁수행방법을 결정적으로 변화시켰다. 그 변화된 결과의 하나는 기사제도(기사도)의 몰락이었다.

❗ 그리스의 불

이미 비잔틴 사람들은 674년에 콜로포늄, 유황 그리고 질산염으로 된 혼합체를 알고 있었으며 이것을 '그리스의 불'이라고 칭했다. 물 위에서도 타오르는 이 재료는 콘스탄티노플을 방어하는 데에 결정적인 역할을 했다. 이어지는 수백 년 동안에 '그리스의 불'은 밀고 쳐들어오는 모슬렘(이슬람교도)의 배에 맞서 투입되었다. 수년 동안 그 처방은 그리스인들에게만 독점적으로 알려졌으며 비잔틴의 황제는 국가의 비밀을 누설하는 것에 대해 엄격한 벌을 내렸다.

레온 바티스타 알베르티

5. 레온 바티스타 알베르티
(Leon Battista Alberti)
— 원근법(1435)

공간의 상태를 묘사하기 위해서 이미 로마인들은 원근법의 방식을 이용했다. 사람들은 단지 정원을 그리고 이어서 공간을 그리는 것을 시도하는 폼페이의 아름다운 벽화와 헤르쿨라네움의 프레스코화만을

레온 바티스타 알베르티가 직접 설계한
루첼라이 팔라초(궁전)

기억한다. 그와 반대로 중세의 그림에는 '의미원근법'이 지배적이었다.
중요한 인물들은 크게 그리고 중요하지 않은 것은 작게 묘사되었다.

이미 잊혀져 가고 있던 중심투시도법에 대한 지식은 15세기에 비로소
다시 등장하였다. 물론 게누아에서 태어난 르네상스인 레온 바티스타
알베르티(1404~1472)와 건축가 필리포 브루넬레스코(Filippo
Brunellesco, 1337~1446)가 이 방법을 활성화하였다. 레온 바티스타 알
베르티는 고고학, 미술사, 철학, 수학 그리고 문학에도 정통하였다.

? 알고 넘어가기

원근법은 3차원의 대상을 2차원의 평면에 있는 그대로 그리면서도 공간적인 인상을
만들어내는 가능성을 총괄한다.

1) 모범(본보기) — 고대 로마

레온 바티스타 알베르티의 등장은 예술사에 혁명을 일으켰다. 그는 초기 르네상스의 가장 중요한 건축이론가이자 미술이론가였다. 그는 조각가들이 가지고 있는 측정, 모델의 비율상 변형과 이상적인 비율의 문제를 해결하였다. 그리고 화가들에게는 기하학적인 토대와 예술의 수사학적인 표현의 기초를 제공하였다. 그리고 건축가들에게는 최초의 근대적 건축이론을 제공하였다. 그에게 모범이 되는 것은 고대 로마의 예술이었다. 플로렌스의 상인 출신 알베르티는 〈회화에 관하여〉라는 저술에서 자신의 이론 중심투시도법을 발전시켰다. 그리고 그가 최초로 의식적으로 원근법적·논리적으로 개발시킨 타일을 깐 바닥의 그림에서 원근법적 기술의 모든 법칙을 충족시켰다.

알베르티보다 수년 전에 이미 플로렌스 성당의 둥근 지붕의 창시자 필리포 브루넬레스코는 예술작품으로써의 평면이 적용한 수학의 완전함에 도달할 수 있다는 것을 증명하고자 하였다. 게다가 그는 적어도 그림 판형밖에 놓인 두 개의 소실점 모델을 고안하였다. 그 소실점으로 원래 깊이에 도달하는 선들이 깔려 있었다. 이 두 가지 소실점은 조감도로 그려질 때 도입되는 세 번째 소실점과 더불어 오늘날까지 원근법 회화의 토대에 속한다.

르네상스 시대에 완벽하게 발전한 원근법의 이론은 예술을 변화시키고 예전의 묘사에서 부족했던 환각적 공간을 만들어냈다. 공기 또는 광선의 작용으로 생기는 색채명암에 따라서 물체의 거리감을 표시하는 원근법과 같은 이론들에 대한 성찰이 이어졌다. 예를 들어 파란색은 깊이를 상징하고, 점점 멀어지는 대상을 그릴 때에는 연하고 창백하게 그리는 것 등이었다. 특정한 수학의 영향력이 미치지 않는 예술은 그때부터 더 이상 생각할 수 없게 되었다.

6. 요하네스 구텐베르크(Johannes Gutenberg)
— 지식의 전파(1445)

14세기까지 교육은 귀족이나 교회에서 특권을 누리고 가진 사람들만의 독점물이었다. 100명 중에서 한 사람 정도만 읽을 수 있었다고 한다. 서적인쇄와 양피지 대신에 값싼 종이로 대체됨으로써 비로소 다양한 정보가 확산될 수 있었다. 그로 인해 유럽에서는 예상하지 못했던 교육의 가능성이 봇물처럼 터졌다. 즉 근대로의 발걸음이 시작되었던 것이다.

요하네스 구텐베르크

지식과 체험을 다음 세대에게 전달하고자 하는 인간의 욕구는 그들이 지구상에 존재하던 때부터 시작되었다. 그 증거로 수메르인의 설형문자는 가장 오래된 글자라 할 수 있다. 그것은 약 1,000가지 기호로 구성되었는데 BC 4000년 말에 남쪽 메소포타미아에서 처음으로 사용되었다. 하지만 BC 3500년에 이집트에서 파피루스의 사용으로 비로소 문서상의 기록이 좀 더 많이 전파될 수 있

구텐베르크의 활판 인쇄기

었다. 그리고 에메네스 2세(Eumenes II, BC 197~BC 159) 왕 때에 가공한 동물의 가죽으로 된 양피지를 생산함으로써 좀 더 진보하게 되었다. 중세까지 작가들과 학자들은 이 양피지에 직접 손으로 기록했다.

구텐베르크가 인쇄기(활자 인쇄)를 발명하는 데에는 물론 종이의 발명이 결정적인 전제가 되었다. 이미 105년에 중국에서는 종이가 사용되었고, 그 후 7세기와 8세기에 종이 제작의 지식이 한국, 일본 그리고 아랍 문화권으로 전파되었다. 12세기와 13세기에 유럽에서 최초의 제지공장이 세워지고 종이가 대량으로 생산되었다.

! 종이 제작

스페인은 1144년에 유럽에서 최초로 종이를 생산하였다. 1268년에 이탈리아는 제지공장을 건설하였고, 프랑스는 1270년에 비용이 많이 드는 아마처럼 보이는 종이와 대마 종이를 생산하였다. 독일에서는 상인이자 시의회의원인 울먼 스트로머(Ulman Stromer, 1329~1407)가 1390년 뉘른베르크에 최초의 제지공장을 세웠다.

1) 개혁(갱신) — 다시 사용할 수 있는 납 글자

많은 책에서 언급한 것처럼 42행의 구텐베르크 성경의 출간이 그의 획기적인 업적은 아니다. 그는 1452~54년에 수동 인쇄기 위에 구텐베르크 성경을 180절로 추정되는 판으로 인쇄하였다. 그중에서 30절은 양피지 위에 인쇄하였는데 라틴어로 된 대작이며 오늘날까지 보존되어 있다.

구텐베르크의 혁명적인 발명은 다시 사용할 수 있는 납 글자와 판형을 가진 식자(植字)이다. 개개의 글자로 된 식자의 도움으로 단어, 전체 문장 그리고 완성된 텍스트가 형성되었다. 물론 텍스트는 무제한으로 다양하게 형성되었다(1445).

그전에는 책을 사적으로 소유한다는 것은 사치스러운 일이라 할 수

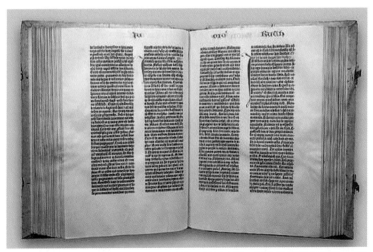

구텐베르크가 활판 인쇄술로 인쇄한 성서 원본(미의회 도서관 소장)

있었다. 한 작품을 필사하기 위해서 필자는 적어도 4년이라는 긴 시간을 필요로 했기 때문이다. 그 후 문학은 곧 빠르게 전파되었다. 이 시기에 건립된 대학들의 가르침은 수도원의 가르침과 대립하였다. 산업국가에서 인구의 약 80%가 읽을 수 있는 것은 1800년이 되어서야 가능하였다.

변형되고 현대화된 형태에서 구텐베르크의 인쇄술은 20세기까지 적용되며 1946년에 처음으로 사진식자를 통해 교체되었다.

18세기에 이미 기계적인 윤전기의 도입으로 인해 수동 인쇄기는 사라지게 되었다. 윤전기는 거대한 권지로 높은 인쇄 속도로 작동되었다. 컴퓨터로 조종된 쓰기체계, 문장체계와 인쇄체계가 1980년부터 고착화되면서 예전의 오래된 기술을 점점 밀어내게 된 것이다.

1997년에 명망 있는 미국의 매거진 「타임 라이프(Time Life)」는 구텐베르크를 '밀레니엄의 대표적 남성'으로 선발하였고, 이러한 사실은 대대적으로 호응을 얻었다. 왜냐하면 구텐베르크의 서적 인쇄와 이어지는 교육으로의 파장으로 비로소 중세에서 근대로 넘어가는 문턱을 극복할 수 있었기 때문이다.

❗ 자랑스러운 우리 문화유산

무구정광대다라니경(無垢淨光大陀羅尼經)
1966년 경주 불국사 석가탑에서 발견된 다라니경. 신라 경덕왕 10년(751)에 불국사를 중창하면서 석가탑을 세울 때 봉안된 것으로 세계에서 가장 오래된, 현존하는 목판 권자본(卷子本)이다.
751(경덕왕 10)년경에 간행된 것으로 추정되는 이 판본은 1966년 10월 경주 불국사의 3층 석탑(석가탑)의 보수 공사를 하던 중 2층 탑신부에서 금동제 사리함 등의 여러 유물과 함께 발견되었다. 그리고 이들 유물과 함께 국보 제126호로 지정되었다.
무구정광대다라니경은 전체 길이 약 650 센티미터, 종이의 폭 6.5~6.7 센티미터, 위

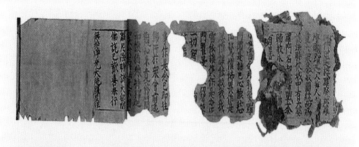

아래 판광(板匡) 5.3~5.5 센티미터이다. 발견 당시 상당히 산화되어 앞부분이 여러 조각으로 떨어져 있을 정도로 많이 손상되어 11항이나 없어진 것으로 생각되었으나 1989년 수리하여 거의 복원되고 현재는 3줄만이 유실된 채로 남아 있다.

직지심체요절(直指心體要節)

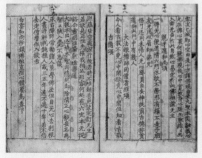

직지심체 요절 활자본(위), 인쇄본(아래)

고려 공민왕 21(1372)년에 백운 화상(白雲和尙)이 석가모니의 직지인 심견성성불의 뜻을 그 중요한 대목만 뽑아 해설한 책으로 우왕 3(1377)년에 인쇄되었다.

백운 화상 경한이 선(禪)의 요체를 깨닫는 데에 필요한 내용을 뽑아 1372년에 펴낸 불교 서적으로, 상·하권으로 이루어져 있다. 원나라에서 받아온 '불조직지심체요절'의 내용을 대폭 늘려 두 권으로 엮은 것이다. 중심 주제인 직지심체는 사람이 마음을 바르게 가졌을 때 그 심성이 곧 부처님의 마음임을 깨닫게 된다는 것이다.

1972년 유네스코 주최의 '세계 도서의 해'에 출품되어 세계 최초의 금속 활자본으로 공인되었으며, 현재 프랑스 국립 도서관에 소장되어 있다. 2001년에 유네스코 세계 기록 유산으로 지정되었다.

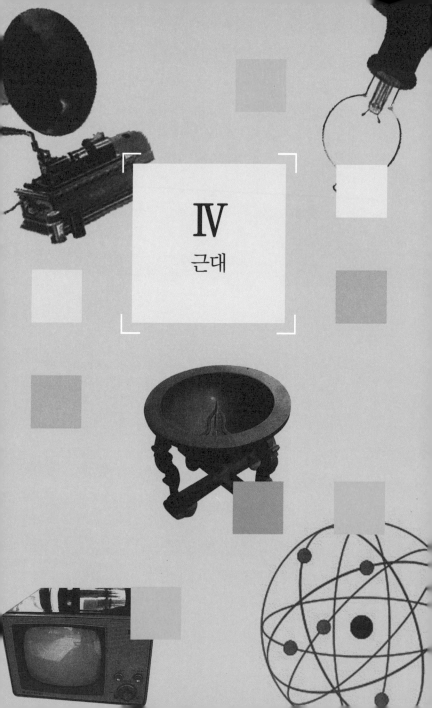

IV
근대

14세기와 16세기 사이의 유럽은 기사제도와 궁중 문화의 붕괴, 새로운 시민계급으로 구성된 도시의 발생 등으로 거대한 사회적 변혁을 겪게 되었다. 이탈리아에서 출발하는 문화변혁은 지금까지 내려온 교회의 전통에 의문을 제기하였다. 또한 사람들의 자아인식에 대한 성장을 이끌었다. 비록 자아인식이 중세의 전체사상과 밀접하게 연결되어 있다고 하더라도 새로운 시대로의 출발은 더 이상 지체할 수 없었다. 이러한 발전은 1789년 프랑스 혁명과 함께 근대의 방향으로 결정적인 걸음을 이행하였다.

1. 새로운 시대로 출발

초기의 근대는 종교개혁(1517)과 함께 시작되었다. 하지만 종종 그렇듯이 역사학자들은 이견으로 대립하였다. 크리스토퍼 콜럼버스(1492)를 통한 아메리카의 발견과 요하네스 구텐베르크(1445)에 의한 서적 인쇄의 발명이 그 출발점이었다. 하지만 어떠한 발전이나 발명도 혼자서는 이룰 수 없는 것이다. 검증된 것과 예부터 내려오는 것을 던져 버리고 인본주의 사상과 연결하여 새로운 시대로의 출발을 인도하는 모든 것이 함께 했을 때 비로소 가능한 것이다.

1) 인본주의(人本主義)와 르네상스

14세기 전체 유럽에 확산된 신선한 학자정신이 이탈리아에 불어 닥쳤다. 이것은 인간의 능력에 대한 새로운 신뢰와 인간의 르네상스, 또는

한스 홀바인의 그린 에라스무스 폰 로테르담

부활이라고 표현되는 변화로 안내하였다. 위대한 이상적 시대였던 고대의 환생을 말하는 것이었다. 수많은 고대의 요소들이 새로이 발견되고 되살아나는 것(저술, 기념비적 건축물, 조각상, 철학사상)을 표명하였다. 에라스무스 폰 로테르담(Erasmus von Rotterdam, 1466~1536)과 토머스 모어(Thomas More, 1478~1535)와 같은 학자들은 인본주의를 건립하였다. 인본주의는 권위주의에 맞서 완고한 명제와 조건 없는 복종을 거부하는 것이었다.

2) 서적 인쇄와 종교개혁
1445년 서적 인쇄의 기술적 발전은 시대 변혁을 위한 한 가지 전제로 볼 수 있었

한스 홀바인이 그린 토머스 모어의 가족들(1593년)

다. 그것을 통해서 비로소 그때까지 교회의 지배적인 권력 독점을 깰 수

있었으며 정보와 사상을 폭넓은 계층이 접근할 수 있게 된 것이다. 이것이 종교개혁의 시작을 가능하게 했으며, 가톨릭이 일정 부분 실용적인 전향을 할 수 있도록 했다. 루터파, 개혁파 그리고 영국국교 교회가 생성되도록 작용한 것이다.

성경의 올바른 해석을 둘러싼 이론적인 논쟁을 위해 정치적인 입장도 등장하게 되었다. 그렇게 16세기의 반세기 동안에는 가톨릭과 프로테스탄트(신교도) 사이에 다양한 분쟁이 일어나고 1555년 독일에서 아우구스부르크 종교분쟁의 평화조약으로 막을 내리게 되었다.

3) 위대한 발견 여행

1492년의 아메리카 발견은 시대변혁의 근본적인 동기가 되었다. 지금까지의 세계상을 발칵 뒤집어 놓은 획기적인 사건이었다. 하지만 이것은 시작일 뿐이었다. 항해의 진보는 유럽 선원들을 탐험 여행을 떠나게 부추겼다. 1500년부터 유럽인들은 세상의 수많은 곳을 탐험하며 새로운 발견을 하였다. 특히 스페인과 포르투갈이 선두였는데 그들은 호기심과 명성, 부 그리고 정복에 대한 열망과 더불어 새로운 무역거점을 확보하려는 소망을 가지고 있었다. 1492년과 1768년 사이 약 300년 만에 그들은 전 세계와 연결되었다. 그리고 상사(商社)와 이주자(개척민)가 이어졌다. 포르투갈, 스페인과 더불어 네덜란드, 영국 그리고 프랑스 등 수많은 유럽 국가들이 그들의 경제적이며 정치적인 권력을 강화시키기 위해 이 여행(탐험)에 참여하였다. 그들의 무역제국이 19세기에는 거대한 영토제국을 형성하였다.

이익을 가져다주는 생활물품과 거래할 수 있는 상품을 발견하는 것은 유럽 선원들에게 항해에 대한 동기가 되었다. 그리고 그들은 다음과 같은 것들을 발견하였다. 실론섬(스리랑카의 옛 이름)에서 계피, 동남아시아에서 후추, 몰루카제도에서는 육두구 열매와 카네이션(패랭이꽃), 중국에서 생강, 북아메리카와 남아메리카에서 감자, 호박, 옥수수, 파프리카와 토마토와 같은 생필품을 발견하였다. 특히 이익이 많이 남는 상품으로는 담배를 꼽았다.

4) 근대의 시작

초기 근대의 끝은 1789년 프랑스 혁명으로 뚜렷해졌다. 사회적 불평등과 계몽주의 사상들 사이의 어마어마한 대립은 모든 질서와 절대 군주국이 흔들리는 결과를 초래하였다. 근대는 계몽주의와 개인으로서 인간의 발견을 통한 사회적 변혁으로부터 태어났다. 근대의 본질적인 요소는 제도화된 종교 대신에 일종의 인류종교에 대한 소망과 세속화(개인, 국가나 사회집단이 교회로부터 벗어남.)였다. 산업화, 특히 수공업 제작에서 공장에서의 대량생산으로의 과도기 그리고 그것과 연결된 자본주의의 관철은 새로운 시대를 마치 진보의 믿음처럼 특징짓게 되었다. 이성에 대한 믿음과 합리적 생각의 우세가 세계상을 규정하였다.

프랑스 혁명과 나폴레옹 전쟁과 더불어 독일, 이탈리아, 대영제국 그리고 프랑스는 유럽에서 영토와 그들의 권좌를 위해 싸웠다. 이어서 19

세기 말경에는 식민지 확장으로 아프리카 대륙을 유럽의 권력이 나눠 가지게 됨으로써 새로운 절정에 도달하였다. 그리고 다시 새로운 지역 들을 발견하기 위해서 연구가들은 탐험을 시작하였다.

? 알고 넘어가기

농경사회에서 산업사회로 넘어갈 때 대영제국은 탁월한 역할을 수행하였다. 급격하게 성장하는 물품에 대한 수요는 생산 증가를 위한 새로운 형태의 방식의 개발과 기계화 를 위한 동력이 되었다. 1712년에 처음 산업용으로 투입된 증기기관과 1768년 수차로 가동한 최초의 방직기가 개발된 후에 물, 석탄 그리고 증기는 곧 유럽 도처에 공급되 었다.

2. 안드레아스 베살리우스(Andreas Vesalius)
— 최초의 해부학적 부검(1543)

르네상스 시대에 과학자들은 고대 의 오류를 제거하는 데에 착수하였 다. 레오나르도 다 빈치(Leonhard da Vinci, 1452~1519)는 1490년에 시체를 해부(원래 비전문가들에게는 금지되었음.)하고 인간의 몸에 관한 엄청난 논문을 쓰기 시작하였는데 바로 〈해부학 Anatomy〉이었다.

하지만 수많은 레오나르도의 작품 처럼 이 논문 또한 완성하지 못했다.

안드레아스 베살리우스

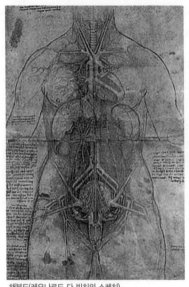
해부도(레오나르도 다 빈치의 스케치)

의술의 영역에서는 안드레아스 베살리우스(1514~1564)가 모든 면에서 앞서 있었다. 그는 근대 해부학의 창시자로 간주된다. 근대 초기까지는 그리스 페르가몬의 갈레노스(Galenos, 129~199?)가 이 분야에서는 논쟁할 여지가 없는 권위를 가지고 있었다. 하지만 유감스럽게도 동물에 관한 그의 조사만으로는 인간 해부학의 암흑에 빛을 가져다주는 것에 큰 기여는 하지 못했다.

인간의 육체와 조직의 구조에 관한 학문은 약 2000년의 오래된 전통위에서 건립되었다. BC 3세기에 칼레돈 태생의 헤로필로스(Herophilos, BC 335~BC 280)와 코스 출생의 에라시스트라토스 (Erasistratos, BC 310?~BC 250?)가 알렉산드리아에서 최초로 입증된 해부를 실행하였다. 에라시스트라토스는 그의 해부의 인식을 통해서 작성된 62편의 텍스트를 남겼다. 히포크라테스 이후 아마도 가장 유명한 고대의 의사 갈레노스가 출간한 약 100권의 문헌들은 17세기까지 연구의 토대로 간주되었다.

브뤼셀 출생의 의사이자 외과의사 안드레아스 베살리우스는 갈레노스의 전통을 포기하고 해부대 위의 사체를 직접 해부하고 연구하였다. 그것으로 그는 기관과 조직의 구조를 조사하고 서술하는 현대 해부학의 창시자가 된 것이다.

1538년 베살리우스는 이미 베니스에서 《인체 해부에 관하여 *De humani corporis fabrica libri septem*》를 출간하였다. 그가 직접 고안한 세 가지 동맥묘사와 내장묘사 그리고 세 가지 가장 중요한 뼈대(해골)에 관한 내용을 담고 있다. 그는 파두아에서 외과교수로 활동하면서 1539년부터 도시에서 처형당한 사람들의 모든 시체를 해부하였다. 게다가 1540년 그는 볼로냐 대학에서 공식적인 해부학의 실연을 이행하였다.

! 4가지 체액 학설

갈레노스에 따르면 인간의 육체에는 4가지 체액이 결정적 영향을 미친다는 것이다. 혈액, 점액, 흑담즙, 황담즙이다. 이것은 모든 인간에게서 특수한 혼합 상태로 균형을 잡고 있다(정상 체액질). 하지만 이것이 불균형(악액질)을 이룰 때에는 인간은 아프게 된다. 의사의 의무는 병의 극복을 위해서 자연적인 치료력을 활성화하는 것이다.

갈레노스

1) 격렬한 적대감과 비판

1543년 28살의 나이에 베살리우스는 그의 해부학에 관한 일생의 작품 《인체 해부에 관하여》를 출간하였다. 그 작품은 해부학이 의학적 기초학문으로 계속 발전할 수 있도록 하는 토대가 되었다. 그는 그때까지의 해부학에 관한 200가지 이상의 오류를 신랄하게 폭로했다. 5개의 느슨한간, 7부위 체절의 흉절, 두 개로 나눠진 아래턱 그리고 나팔이 달린 자궁 등과 같은 오류이다. 그의 연구 결과는 학생들과 진보적인 교수들에게는 감동적인 찬사를 받았지만 갈레노스의 신봉자들은 엄청난 저항을 하였다. 베살리우스는 그와 같이 동료들의 적대감에 괴로워하여 자신의 학문적 연구를 포기하고 스페인 궁중의 궁중의사로 가게 되었다.

중세에는 여전히 시체를 해부하는 것이 회의적이었다면 17세기에는 죽은 사람의 연구가 의미 있는 일이었다. 왜냐하면 그것으로 살아 있는 육체와 그들의 병에 대한 역추론이 가능하기 때문이었다. 물론 오랜 시간 동안 해부에 대한 평판은 좋지 않았다.

3. 한스 얀센 & 자하리아스 얀센
(Hans & Zacharias Janssen)
— 현미경을 통해 보다(1590)

자하리아스 얀센

현미경의 발명은 과학사에 의미심장한 전환점을 제시하였다. 처음으로 인간의 눈이 그것의 자연적인 한계를 극복하고 미생물 세계의 경이로움을 탐구할 상황에 놓이게 되었다. 얀센 부자(父子)가 단순한 놀이로 시작한 것이 획기적인 결과를 낳게 된 것이다.

2000년이 넘기 훨씬 전부터 사람들은

광선이 유리를 통해서 굴절된다는 것을 알고 있었지만 약 1300년에야 비로소 사용할 수 있는 렌즈가 만들어졌다. 세공한 유리의 확대효과는 이미 1590년에 알려졌으며 사람들은 유리를 확대경과 안경알의 제작을 위해 사용하였다. 또한 네덜란드의 안경을 만드는 한스 얀센은 미델부르크에서 가장 작은 대상을 볼 수 있도록 하기 위해서 다양한 렌즈를 이용하여 실험하였

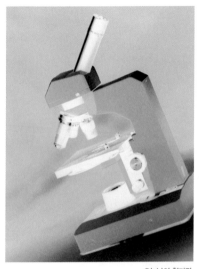

오늘날의 현미경

다. 그의 아들 자하리아스가 그를 도왔다. 곧 그들은 최초의 단순한 현미경을 만들었는데 2개의 렌즈와 서로 끼워 맞춘 3개의 관으로 구성되었다. 이 관들 중 하나에 그들은 집광렌즈(볼록렌즈)를 조립하여 대물렌즈로써 사용하였으며 관찰 대상을 향하게 하였다. 관의 다른 면에는 접안렌즈로 관찰하는 대상을 한 번 더 확대하는 또 다른 렌즈가 있다. 들여다보는 관은 돌출 길이에 따라서 3배에서 9배까지 확대된다. 그 당시에는 현미경 아래에 벼룩을 놓고 관찰하는 것을 즐겼다.

몇 년 후에 자연연구가이자 독학가인 안톤 반 레벤후크(Anton van Leeuwenhoek, 1632~1723)가 현미경에 대한 특별한 관심을 발전시켰다. 레벤후크는 포목상으로 자신이 태어난 델프트에서 자영업을 하고 있었다. 그는 자신의 취미생활에 몰두할 수 있을 정도로 재정적 능력이

있었다. 그래서 렌즈 세공기술을 배우고 자신만의 현미경을 만들었다. 그는 그 당시 유일하게 270인수의 확대에 도달하였다. 아마도 그의 현미경 중 몇 개는 아주 짧은 초점거리를 가진 단순한 렌즈로 구성되어 있을 것이다. 아주 가까이에서, 단지 눈과 몇 밀리미터 간격을 두고 갖다 대야만 하는 렌즈였을 것이다.

? 알고 넘어가기

카를 차이스(Carl Zeiss)는 1846년 11월 19일에 예나에서 기계학을 위한 아틀리에의 창설과 더불어 기계적이고 광학적 기구를 제작하고 판매할 수 있는 허가를 받았다. 그는 바그너 골목 32에 위치한 자신의 공방에서 열성적으로 작업에 착수하였다. 그는 무엇보다도 표본(해부)을 위해 사용할 수 있는 단순한 현미경의 제작을 시작하였다.

카를 차이스

1) 천재적 재능(독창성) — 비밀스러움으로 가득한 레벤후크

레벤후크는 현미경을 이용하여 실용적이며 자연과학적인 방법으로 연구할 생각을 하게 되었다. 1668년에 그는 처음으로 혈구를 보았으며 나중에는 심지어 섬세한 모세관을 통해 움직이고 있는 것 또한 볼 수 있게 되었다. 6년 후에 그는 하천과 인간의 타액(침)에서 나오는 단세포 생물과 박테리아에 대해 서술하였다.

1677년에 그는 인간과 동물의 정자세포를 조사하였다. 게다가 그는 곤충이 작은 알로부터 발생된다는 것을 발견하였다. 그 당시에 믿고 있던 것처럼 곤충이 더러움(오염)과 모래로부터 자연발생적으로 생성하지 않는다는 것을 알게 된 것이다. 레벤후크는 대영왕립학회와 프랑스 과학아카데미의 일원이 되었다. 학자들과 왕들, 그들 중에서 러시아의 차르 피터 대제는 그가 작업하는 것을 보기 위해서 그를 방문하기도 하였다. 레벤후크의 특징은 그가 렌즈 제작기술을 비밀로 했다는 점이다. 그래서 박테리아는 19세기에 기술적으로 양질의 현미경이 만들어졌을 때야 비로소 다시 관찰할 수 있게 되었다. 현미경 사용을 통해서 미생물의 세계가 발견되고 부분적으로 지배할 수 있게 된 것이다. 새로운 기술혁신이 점점 더 작은 세계를 들여다보는 것을 가능하게 하였다.

4. 히에로니무스 파브리키우스 폰 아쿠아펜덴테 (Hieronymus Fabricius von Aquapendente)
— 모든 생명은 알에서 나온다(1600)

고대의 자연연구가들도 수태에서 출생까지의 '생명'의 신비에 대해서 지대한 관심을 기울여왔다. 그러나 17세기 초까지 연구가들과 과학자들은 고대의 집필을 해석하는 것에만 의존했다. 종교개혁이 비로소 생물학적 연구에 대한 장벽을 느슨하게 했고, 현미경이 생물체의 내부를 볼 수 있도록 하는 데에 큰 기여를 하였다.

그리스의 의사 히포크라테스(Hippocrates, BC 460~BC 377)가 이미 인간의 태아에 대한 연구를 했으며, 그것은 그리스의 철학자 아낙사고라스(Anaxagoras, BC 500~BC 428)가 세운 전성설(Performation

히에로니무스 파브리키우스

Theory, 수정란이 발생하여 성체가 되는 과정에서 개개의 형태·구조가 이미 알 속에 갖추어져 있어 발생하게 될 때 전개된다는 학설.—역자 주)의 근거에 기초가 되었다. 이 이론에 따르면 생명의 모든 구조는 이미 남성의 정자에 형성되어 있으며, 태아는 여성의 자궁에서 단지 성장하기만 하면 된다는 것이었다. 성별의 규정조차도 이미 정해져 있어서 사람들은 오른쪽 고환의 정액이 남자아이를, 왼쪽의 정액이 여자아이를 낳게 한다고 믿었다.

이탈리아의 해부학자 히에로니무스 파브리키우스(1537~1619)는 더 정확한 것을 알고자 했으며, 닭의 알에 대한 배아의 발전에 관한 연구를 시작하였다. 1600년 그는 태아의 발전에 관한 자신의 최초의 대작 《태아 형성에 관한 연구 *De Formato Foetu*》를 출간하였다. 그 안에서 그는 처음으로 태반의 의미를 묘사하고 탯줄을 통한 자궁 안에 있는 태아의 영양 공급을 묘사하였다. 그의 연구결과는 인간과 동물의 태아의 모사, 임신한 자궁을 들여다봄, 그리고 태반의 스케치를 통해서 기초를 세운 것이었다.

파브리키우스의 연구결과를 발생학의 영역에서 계속 이어가도록 하기 위해서 다른 연구가 계속되었다. 영국인 윌리엄 하비는 확실한 그의 후계자로, 그는 인간은 정자세포에 의한 수태로부터 생성된다는 견해를 발표했다. 그때까지 유효하던 전성설을 반박한 것이었다. 그에 의해 '모든 생명은 알에서부터' 라는 말이 유래한다. 1651년 하비는 자신의 저서 《발달생물학 *De generatione animalium*》에서 동물 배아의 성장을 설명하였다.

5. 한스 리페르세이(Hans Lippershey) & 갈릴레오 갈릴레이(Galileo Galilei)
— 먼 곳을 보다(1608, 1610)

망원경 그리고 현미경과 같은 광학기구의 도움으로 자연과학 연구의 새로운 시대가 시작되었다. 현미경이 처음에는 실질적으로 거의 의미를 가지지 못한 반면에 망원경은 항해와 천문학에서 이용되어 곧 널리 전파되었다.

굴절 망원경과 연관된 렌즈 만원경의 최초 발명가는 안경 제조업자인 한스 리페르세이(Hans Lippershey, 1560~1619)라고 한다. 그는 독일 라인 강 근처 베젤(Wesel)에서 태어나서 1594년부터 네덜란드의 미델부르크(Middelburg)에서 살았다. 리페르세이는 근시나 원시를 가진 사람

한스 리페르세이

갈릴레오 갈릴레이

들을 위해 안경알을 세공하는 것에만 만족하지 않았다. 그가 관심을 가진 것은 눈으로는 더 이상 정확하게 인식할 수 없는, 하늘에 있는 별들이었다. 그는 양 끝에 각각 하나의 렌즈가 있는 통(관)을 조립하였다. 물체에 가까운 대물렌즈(현미경이나 망원경 따위에서 물체에 가까운 쪽의 렌즈.―역자 주)는 볼록렌즈이자 집광렌즈(광학 기계에 쓰는 렌즈 가운데, 단순히 빛을 모으기 위하여 사용하는 렌즈.―역자 주)이며 관찰자가 눈에 대는 접안렌즈(현미경이나 망원경 따위에서 눈으로 보는 쪽의 렌즈.―역자 주)는 오목렌즈였다. 대상이 2배에서 10배까지 확대되어 관찰되었다. 나중에 나오는 케플러식의 망원경과 대조적으로 네덜란드식의 굴절식 망원경으로는 수직의 허상을 볼 수 있었다.

1608년 10월 2일에 리페르세이는 망원경에 대한 특허권을 자신에게 허가할 것을 헤이그에 있는 네덜란드 의회에 요청하였다. 하지만 그는 거절통보를 받았다. 특허청은 리페르세이가 아니라 갈릴레오 갈릴레이(1564~1642)가 원래 망원경의 발명가라는 견해를 표명했던 것이다. 실제로 갈릴레이는 곧 라인란트 태생 리페르세이의 발명에 관해 알게 되었고, 1609년에 자신의 망원경을 만들어 선보였다. 그것은 세부적으로는 리페르세이의 망원경과 유사하였다.

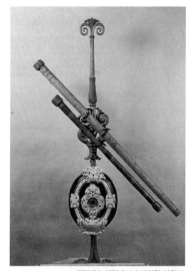

갈릴레오 갈릴레이가 발명한 망원경

1) 하늘로 향하는 시선

리페르세이의 발명과 반대로 갈릴레이의 망원경은 이미 20배에서 30배까지 확대하여 볼 수 있었다. 갈릴레이는 자신의 발명을 천문학 연구를 위해서 사용하였다. 그는 자신의 시선을 하늘로 향하게 하여 4개의 거대한 목성(Jupitermoon)을 발견하였다. 그것들은 오늘날에도 갈릴레이의 달이라고 표현한다.

1610년에 파두아에 살고 있던 갈릴레이는 자신의 발견을 저서 《별세계에 관한 보고서 *Sidereus nuncius*》에 담아 출간하였다. 금성(Venus)과 달이 상이한 위상을 지나치는 것이 수학교수였던 갈릴레이의 눈에 띄게 되고, 이러한 발견은 니콜라우스 코페르니쿠스(Nicolaus

Copernicus, 1473~1543)의 생각에 기초적 토대를 마련하였다. 코페르니쿠스는 금성이 지구 주위를 도는 것이 아니라 태양 주위를 돈다는 견해를 가지고 있었다. 이러한 견해는 교회의 입장에서는 고문으로 위협해서라도 태양 중심의 세계상을 버릴 것을 맹세하게끔 했다.

비록 갈릴레이가 교회가 바라는 것을 따르지 않아 죽을 때까지 감금된다고 하더라도 천문학적 연구는 그러한 것으로부터 어떠한 영향도 받지 않았다. 교회는 결국 갈릴레이가 옳았음을 인정해야만 했다.

! 현대의 망원경

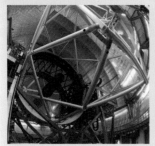

스페인 카나리아 섬의 대형 망원경 GTC
(지상 최대의 망원경)

남아프리카공화국 망원경 SALT(남반구에서 가장 큰 망원경)

칠레의 체로 빠라날 산 정상에 있는 VLT
(망원경이 네 개가 모여 있는 천체 관측소)

! 코페르니쿠스

1509년 코페르니쿠스는 궤도 위의 행성 운동에 관한 이론을 고안하고 그것으로 프톨레마이오스의 지구 중심적인 전통적 세계상에 의문을 제기하였다. 그는 이 작업을 단지 믿음이 가는 사람들에게만 접근할 수 있도록 하였다. 전문가들 세계의 냉대와 교회와의 불화로부터 피하기 위해서였다. 그의 대작 《천구의 회전에 관하여 *De revolutionibus orbium coelestium*》에서는 인류의 새로운 정신적 시대를 도입하였다. 그것의 출간을 두려워하는 교회의 반대세력 때문에 오랫동안 출간되지 못했으며, 그가 죽기 얼마 전에야 비로소 인쇄되었다. 하지만 그는 책이 발행되는 것을 보지 못했다.

코페르니쿠스(위)와 코페르니쿠스의 우주론(아래)

6. 빌헬름 쉬카드 (Wilhelm Schickard)
— 기계가 계산을 하다(1623)

천문학에서와 마찬가지로 자연과학에서도 점점 더 복잡해지는 수학계산을 풀어야만 하기에 결정적인 발전이 이어졌다. 그때까지 알려진 주판이나 계산자 그리고 존 네이피어(John Napier, 1550~

빌헬름 쉬카드

1617)의 계산용 석필과 같은 도구만으로는 점점 복잡해지는 수학계산을 더 이상 풀 수 없게 되었다.

슈바벤의 빌헬름 쉬카드(Wilhelm Schickard, 1592~1635)가 계산기의 조립을 계획하였다. 튀빙겐 대학의 교수였던 그는 1623년 네 가지 계산방식, 즉 더하기, 빼기, 곱하기 그리고 나누기를 자신의 기계로 자동화하였다.

'어떠한 것도 시도하지 않는 사람은 어떠한 것도 성사시킬 수 없다.' 라는 자신의 모토에 성실하게 파고들었다. 그는 네이피어의 계산자 원리를 이용하였다. 계산자를 이용하여 그는 원통에다 6개의 완전한 톱니바퀴를 만들었다. 처음으로 더하기와 빼기에 10으로 된 계산바퀴를 투입하였다. 그것은 10개의 톱니를 가지고 있으며 또한 한 번 돌릴 때마다 10개의 곱자가 허용되며 그것으로 10진법의 셈이 가능하게 되었다. 완전히 한 바퀴 돌린 후에는 추가로 이월한 톱니가 최고치 자리의 계산바퀴를 한 단계 더 높게 연결한다(예를 들면 10 X 일 자릿수 = 1 X 십 자릿수). 그것으로 자동적으로 십 자릿수의 이월이 가능해졌다. 쉬카드는 계산에 필요한 기호표시, 즉 예를 들면 승수(곱하는 수)에 대한 기호를 통해 자신이 만든 기계를 완성하였다.

요하네스 케플러

쉬카드가 1623년 9월 20일에 요하네스 케플러(Johannes Kepler, 1571~1630)에게 보낸 편지내용을 보면 다음과 같다.

'자네가 계산방식에서 했던 것과 똑같은 것을 나도 최근에 기계를 이용해 시도해봤다네. 그리고 11개의 완전한 톱니와 6개의 홈을 판 톱니로 구성된 기계를 만들었다네. 주어진 숫자를 순식간에 자동적으로 계산하는 기계지. 더하고 빼고 곱하고 그리고 나눌 수 있다네. 얼마나 자주 십 자리 수나 백 자리 수가 없어지는지 또한 왼쪽으로 수의 자리가 자동적으로 아주 높아지거나 빼기를 할 때에는 어떻게 자리수가 없어지는지를 자네가 그 순간에 함께 봤더라면 환하게 웃었을 것이네……'

계산기의 경우 튀빙겐 화재 때에 희생양이 되어 두 가지 샘플만이 제작되었다. 빌헬름 쉬카드의 생각은 아마도 30년 전쟁의 혼란 속으로 사라져 버렸을 것이다. 1957년에야 비로소 튀빙겐 교수 브루노 바론 폰 프라이탁 뢰링호프(Bruno Baron von Freytag Loeringhoff, 1912~1996)

가 계산기를 재구성하게 되었다.

오늘날의 계산기

스코틀랜드의 존 네이피어의 계산자는 특별한 계산수단이었다. 자 위에는 1에서 10까지의 곱셈표가 표시되어 있다. 곱하기는 곱셈표의 도움으로 표시된 눈금들의 합계의 결과라고 할 수 있다. 1에서 10까지의 곱셈표(구구표)는 고대부터 알려져 왔다. 그것이 피타고라스(Pythagoras, BC 580~BC 500) 때에 이미 발견되었기 때문에 종종 그의 이름을 붙여 부르기도 한다. 스코틀랜드의 바론 네이피어(Baron Napier)는 자신의 곱셈표에서 각각 십 자리와 일 자리를 대각선을 통해 분리하였다. 위에는 십 자릿수가 있다. 계산자를 만들기 위해서 그는 수직의 줄로 표를 나누고 이것을 나무 자에 붙였다. 그 자의 수많은 복사품이 만들어지면서 임의의 곱하기와 나누기가 수행되었다.

블레즈 파스칼

1) 수의 2진법 표시

이 시기에 또 다른 수학자들도 계산기를 조립하고자 했다. 프랑스의 블레즈 파스칼(Blaise Pascal, 1623~1662)도 마찬가지였다. 세관원이었던 자신의 아버지를 위해 그가 만든 자동기계는 더하기가 중심을 이루고 있었다. 철학자 고트프리트 빌헬름 폰 라이프니츠(Gottfried Wilhelm von Leibniz, 1646~1716)는

라이프니츠의 계산기

1673년에 로열소사이어티(왕립협회)에 '살아 있는 계산은행'을 소개하였다. 그러나 지속적으로 생산해 내기에는 비용이 너무 비쌌다. 라이프니츠의 진술에 따르면 그는 24,000탈러(Taler, 독일의 옛 화폐단위. 독일의 옛 3마르크 은화.—역자 주)의 비용을 그 기계를 제작하는 데에 지출했다고 한다. 여하튼 라이프니츠는 자신의 계산기를 만들면서 이미 현대 컴퓨터 기술에서 중요한 역할을 하는 수의 2진법 표시를 발전시켰다.

고트프리트 빌헬름 폰 라이프니츠

7. 윌리엄 하비(William Harvey)
— 대소혈액순환(대순환과 소순환, 1628)

윌리엄 하비

심장과 혈관의 기능과 작동방식은 17세기의 자연과학적 발견에도 불구하고 여전히 고대 의학의 수준에 머물러 있었다. 페르가몬 출신의 그리스 의사 갈레노스의 혈액운동과 영양을 제공하는 것의 형성에 관한 이론은 의학계를 지속적으로 각인시켰다. 그 이론에 따르면 영양소는 장에서 간으로 이동되며 그곳에서 신성한 '자연적 영양'은 인간의 몸에서 혈액이 새어 없어질 때 양분을 다시 새로운 피로 변화시킨다고 했다. 갈레노스는 혈관의 한 그룹과 다른 그룹 사이에서 피가 이리저리 움직인다는 것을 확신하였다. 게다가 피는 오른쪽에서 왼쪽의 심장으로 흘러 들어간다고 생각하였다. 심장을 통한 피의 흐름을 설명하기 위해서 그는 심장을 오른쪽 반과 왼쪽 반으로 나누는 두껍게 근육이 발단된 분리벽에 아주 작은 틈이 있는 것이 확실하다고 주장했다. 그러나 이 틈은 발견되지 않았다. 하지만 의사와 해부학자들은 갈레노스가 죽은 이후의 17세기에도 여전히 그 틈의 존재를 믿고 있었다. 혈액운동에 관한 갈레노스의 이론은 '자연은 어떠한 것도 헛되게 하지 않는다.'는 믿음을 뒷받침해 주었다. 그는 신은 모든 기관을 일정한 목적을 위해서 만들었다는 견해를 피력하였다. 오늘날에도 여러 방면으로 당연하게 여겨지는 수많은 병의 치료와 예측 수명의 연장은 무엇보다도 (대)혈액순환의 발견과 그것을 가능하게 하는 가동 펌프로써의 심장의 기능 덕택이었다. 이것으로 윌리엄 하비(William Harvey, 1578~1657)는 1628년 당시 의학에 혁명을 가져왔으며 현대 생리학의 초석을 다진 인물이다.

영국 궁정에서 활동한 하비는 그 당시에 지배적이었던 학설과 반대의 입장인 육체의 혈액순환에 대한 생각을 발전시켰다. 1628년에 그가 출간한 《심장과 혈액의 운동 De Motu Cordis》에서 하비는 두 가지 순환체계를 묘사하였다. 한 가지는 심장에서 출발하여 몸 전체를 돌아 다시 심장으로 돌아가는 것(대순환)과 다른 것은 심장에서 폐까지 그리고 다시 돌아오는 것(소순환)이 있다. 그는 수많은 실험과 해부로 자신의 이론의 기초를 세웠다. 심장을 연구하고, 혈관을 해부하고, 일정한 시간에 심장에서 발생하는 혈량을 측정하며, 주정맥과 대동맥을 서로 묶기도 하였다.

하비는 자신의 연구로 갈레노스의 학설을 완전히 반박하였다. 혈액이 새어 없어지는 것이 아니라 심장으로부터 펌프된 피가 다시 심장으로 돌아간다는 주장이었다. 그는 현미경의 사용을 신뢰하지 않았기 때문에 피가 동맥

마르첼로 말피기

으로부터 나와서 정맥으로 어떻게 도달하는지를 증명할 수는 없었다. 그후 발생학자이자 동물학자인 마르첼로 말피기(Marcello Malpighi, 1628~1694)가 1661년에 비로소 모세혈관 발견에 성공하였다.

1) 한 단계 앞으로 전진—주사와 수혈(輸血)

혈액순환의 발견은 완전히 새로운 치료 가능성을 열어주었다. 그때까지 단순한 사혈(瀉血) 치료에만 국한하였다면 아주 새로운 두 가지의 치

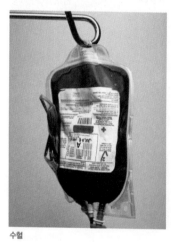

료방식이 제공된 셈이었다. 즉 정맥 속으로 주사를 놓는 것과 수혈(輸血)이었다. 외과의사 크리스토퍼 워렌(Christopher Wren, 1632~1723)은 1664년 최초로 인간에게 정맥수사를 시행하였다. 이것이 종종 혈전증(血栓症)과 색전증(塞栓症)을 가져왔기 때문에 19세기까지는 물론 정맥주사가 실행되지 않았다.

수혈

1666년 리처드 로베르(Richard

Lower, 1631~1691)는 양들 사이의 수혈을 실행하고 1667년 파리에서 장 밥티스트 데니스(Jean Baptiste Denis)는 양의 피를 인간에게 수혈하였다. 그러나 치명적인 합병증이 계속되어 더 이상의 수혈은 금지되었다. 수혈은 1901년 비로소 혈액형 체계의 발견 후에야 다시 실행되었다.

8. 오토 폰 게리케(Otto von Guericke)
― 진공의 공간(1654)

'우주는 소용돌이치는 천공으로 가득한 것일까? 아님 천체들 사이의 공간은 비어 있을까?' 17세기까지 철학자이자 자연연구가들은 진공의 존재에 대해 확신하는 젊은 학자들의 생각보다는 '진공에 대한 공포(Horror vacui, 라틴어)'의 개념을 각인시킨 아리스토텔레스(Aristoteles, BC 384~BC 322)의 생각을 믿었다. 무(無)에 대한 두려움으로 아리스토텔레스는 자연에서 진공의 존재를 부정하였다. 중세의 교회는 이러한 전통을 확고하게 하며 반대 입장을 표명하는 모든 의견을 이교(이단)와 동일시하였다. 무의 존재는 결국 신의 존재에 모순되는 것이었다.

1) 진공의 사상

아무것도 없는 곳이 진공(眞空)이다. 적어도 고대 로마인들에게는 이런 의미였다. 왜냐하면 라틴어 'vacus'는 '빈'을 의미한다.

진공의 존재에 관한 첫 번째 이론은 이미 BC 5세기에 생성되었다. 그리스의 철학자 레우키포스(Leucippos, BC ?~?)나 그의 제자 데모크리토스(Democritos, BC 460~ BC 370)는 물질은 빈 공간, 즉 진공에서 움직이는 분리할 수 없는 원자로 구성된다는 견해를 대변하였다.

약 2000년 후 1644년에 이탈리아 물리학자 에반겔리스타 토리첼리(Evangelista Torricelli, 1608~1647)는 첫 번째 증거를 제출하였다. '수은을 가득 채운 유리관을 마찬가지로 수은이 존재하는 원자각 안에 꽂는다. 원자각 위에 압력을 가하는 공기의 무게에 따라 유리관 내부에 있는 수은 수위가 가라앉는다. 수위 위에는 진공의 공간이 있다…….' 그의 연구는 빠르게 전 유럽의 주목을 받았다.

? 알고 넘어가기

오토 폰 게리케(1602~1686)는 일기예보의 선구자들 중 한 사람으로서 명성을 얻었다. 그는 물을 채운 2 미터의 폐쇄된 기압계를 조립하고 그것을 이용하여 1660년 날씨를 예보하였다. 그는 공기 압력의 이상을 관찰하고 상이한 온도계로 공기 온도의 변화를 측정하였다. 그리고 그것으로 기상상황을 추론하였다. 그 기압계는 '마그데부르크 날씨 인형'이라는 이름을 얻게 되었다.

2) 마그데부르크의 반구

'진공(眞空)'은 마그데부르크의 정치가이자 기술자 오토 폰 게리케를 통해 유명해졌다. 아리스토텔레스의 주장을 반박하는 데에 성공한 그는 가스나 액체는 진공에 의해 빨려드는 것이 아니라 주위 압력의 영향을 받게 된다는 것을 증명하였다.

그는 실제로 그가 발명한 진공공기 펌프를 이용하여 진공을 만든 후 실험을 하였다. 마그데부르크의 반구로 프리드리히 빌헬름 영주의 궁정

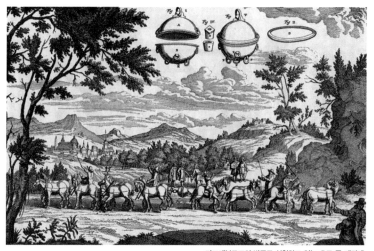

마그데부르크의 반구로 실험하고 있는 오토 폰 게리케

에서 공기압력의 효과를 입증했던 것이다. 그는 두 개의 커다란 반구를 하나의 온전한 것으로 조립하였다. 그리고 조립된 그 공에서 재빨리 공기를 빼내자 저압이 생성되었다. 이어서 그는 각각의 반구를 여덟 마리의 말이 잡아당기도록 하였다. 하지만 공을 따로 분리하려는 것은 헛된 노력이었다. 외부의 압력이 마그데부르크의 공을 엄청난 힘으로 누르고 있었다. 왜냐하면 역압이 존재하지 않기 때문이었다. 그 공은 공 안에 공기가 들어간 후에야 다시 분리될 수 있었다. 그렇다고 마그데부르크의 반구가 완전히 비었다는 것은 당연히 아니다. 왜냐하면 그와 같은 진공상태는 최고의 진공 펌프로도 도달할 수 없기 때문이었다. 우주에서의 진공 자체도 완벽하지 않았다. 항상 세제곱미터당 몇몇 수소분자가 함유되어 있었다.

공기청소기는 작동하기 위해서 저압을 만들어낸다. 그래서 영어로 깨끗하게 하는 것을 '진공청소기(vacuum cleaner)'라고 한다. 액체를 지푸라기로 흡수할 때에도 똑같은 효과가 나타난다. 커피포장도 진공상태로 만들기 때문에 커피가루가 더 오랫동안 신선하게 보존되는 것이다. 그리고 과일과 야채를 병에 보관할 때에도 저압이 생성되도록 한다. 보온병은 차가운 것은 더 오래 차갑게, 그리고 따뜻한 것은 더 오래 따뜻하게 유지하기 위해서 두 개의 강철 벽 사이의 저압을 이용한다. 진공을 이용하여 심지어 집의 제방판도 만들 수 있다. 그리고 텔레비전 브라운관 자체에서도 전자가 초점유리로 향하는 길 위에서 방해를 받아 중단되지 않도록 하기 위해서는 진공이 중요한 역할을 한다.

보온병

9. 아이작 뉴턴(Isaac Newton)
— 중력의 법칙(1687)

아이작 뉴턴

뉴턴(1643~1727)의 연구 이전에는 물리학적인 토대가 세상에 거의 알려지지 않았다. 뉴턴을 통해서 사람들은 세상을 정확한 수학적 법칙으로 서술하는 것을 알게 되었다.

어느 날 케임브리지 출신의 수학 교수인 뉴턴은 부모님 농장의 사과나무 아래에 앉아 골똘히 생각에 잠겨 있었다. 바로 그때 사과 하나가 그의 머리 위로 떨어졌다. 그 순간 그는 사과가 땅으로 떨어지는 것처럼 하늘도 똑같은 중력에 기인할 수 있다는 생각을 하게 되었다.

에드먼드 핼리

케플러가 행성운동에 관하여 인식한 이후부터 사람들은 행성궤도가 어떤 모습을 하고 있는지를 물론 알고 있었다. 하지만 그 원인은 알지 못했다. 시스템이 균형을 유지하기 위해서는 태양과 행성 사이에 근본적인 중력이 존재한다는 명제에서 출발해서 뉴턴은 물질 사이의 상호작용에 대해서, 또한 운동의 토대에 대해서 고민하기 시작하였다. 행성궤도의 진행에 관한 케플러 법칙은 단지 태양의 중력뿐만 아니라 행성들 간에도 중력이 존재할 때 설명이 된다. 뉴턴은 자신의 동료인 옥스퍼드 출신 기하학 교수 에드먼드 핼리(Edmund Halley, 1656~1742)와 함께 했던 토론과 자신이 생각하는 것의 결론을 내기 위해서 운동에 대한 세 가지 법칙을 작성하였다. 그 법칙들은 그를 완전히 새로운 학문, 역학의 창시자로 만들었다.

> **!** 핼리 혜성(Halley's comet)
>
> 혜성은 가스와 작은 얼음 파편과 암석 파편으로 구성된 별이다. 그것은 태양계의 주위를 돌지만 지구와는 아주 다른 궤도 위에 있다. 그중 몇 개는 태양에 상당히 가깝게 다가가기도 한다. 혜성이 태양에 가까워질 때 꼬리를 형성하는데, 가장 잘 알려진 것으로 주기적인 핼리 혜성을 들 수 있다. 핼리 혜성은 에드먼드 핼리의 이름을 따서 그렇게 불린다. 그는 1682년 최초로 그 혜성의 정확한 궤도를 계산하고 1758년에 혜성

바이외의 태피스트리(한 단면)

이 다시 돌아온다고 예언했다.

혜성은 이미 BC 240년 때부터 알려졌다. 혜성을 최초로 묘사한 한 가지 예는 바이외의 태피스트리(tapestry, 다채로운 색실로 그림을 짜 넣은 직물―역자 주)에서 발견할 수 있다. 이 태피스트리는 그림으로 된 중세의 가장 고귀한 자료(출처)에 속하며, 약 50 센티미터의 폭과 70 미터의 길이로 되어 있다. 그 내용은 노르망디의 헤어초크 빌헬름 I세(Herzog Wilhelm I, 1027~1087)가 영국에 상륙하여 정복한 것을 설명하고 있는데 불과 몇 년에 지나지 않는 짧은 역사를 기록한 것이다. 이 수예품은 오늘날 바이외(칼바도스)에 있는 마틸드 박물관(Meusee de la Reine Mathilde)이 소장하고 있다.

1) 모든 것은 중력의 지배를 받는다

'뉴턴의 공리' 라는 이름으로 잘 알려진 법칙들은 다음과 같다.

'모든 물체는 외부의 힘에 의해 변하지 않을 때는 그 형태로 머물러 있다. 운동의 변화는 움직이는 힘의 작용에 비례하고 힘이 작용하는 방향으로 일어난다. 잇따른 두 물체의 작용은 항상 똑같으며 대립되는 방향이다.'

그것으로부터 뉴턴은 우주에 있는 전체의 물체를 지배하는 일종의 중력이 있다는 결론을 내렸다. 그의 역사적인 업적은 포괄적인 중력법칙을 공식화했다는 것이다. 중력법칙은 물체의 상호중력이 질량과 그것의 거리에 의존한다고 주장했던 것이다. 중력에 의한 두 물체 사이의 끌어당김은 물체 질량의 생산에 대해 직접적으로 비례하고 물체의 거리의 제곱에 간접적으로 비례한다.

우주에 있는 모든 물체가 절대적으로 중력의 법칙에 지배된다는 생각은 과학사의 전환점을 제시하였다. 뉴턴은 1687년에 그의 이론을 담은 책 《자연철학의 수학적 원리 *Philosophiae Naturalis Principia Mathematica*》를 출간하였다. 그는 그 외에도 간만(밀물과 썰물)을 설명하며 전위이론의 토대를 세우고, 수류 흐름도 다루었다.

10. 슈테판 헤일스(Stephen Hales)
— 혈압을 측정하다(1726)

오늘날 혈액순환과 관련된 질병은 효과적으로 치료될 수 있다. 왜냐하면 혈액순환과 그것의 원동력 검사가 이미 잘 알려져 활용되고 있기 때문이다. 하지만 순환의 개념이 받아들여지지 않았던 시대도 있었다. 그리스의 해부학자 갈레누스는 간을 혈액체계의 중심으로 설명했다. 갈레누스와 오류가들은 1628년에 출간된 윌리엄 하비(William Harvey)의 획기적인 저술 《심장의 운동에 대해 *De Motu Cordis*》가 출간되었을 때에야 물러났다. 하비는 '국가에서 최고의 권위를 가지고 있는 왕의 경우에도 일반인들과 마찬가지로 심장이 전체의 몸을 지배한다.'고 설명하였다. 피가 순환한다는 것을 인식한 것은 그의 획기적 공로 중의 하나이다.

1) 잔인한 실험

슈테판 헤일스

영국의 한 마을 테딩턴의 임시(보조)목사였던 슈테판 헤일스(1677~1761)는 하비의 불변의 혈액순환이 현실 속에서는 혼동에 부딪힌다는 것을 약 100년 후에 인식하게 되었다. 말, 양 그리고 선별한 개들을 계속해서 실험하면서 헤일스는 '혈압'이라는 개념을 정의하였다. 1726년에 그는 결정적인 실험을 하였다. 암말의 정맥에 3 미터 길이의 수직 유리관과 연결된 좁은 놋쇠 튜브를 삽입하였던 것이다. 순환압력은 유리관에 있는 피를 약 2 미터의 높이까지 밀어냈다. 피는 심장박동의 박자와 함께 올라갔다 내려갔다 했다. 헤일스는 압력의 최고점은 함께 끌어당기는 심장의 긴장을 반영한다는 것을 인식하였다. 하지만 이 방식을 인간에게 적용할 수는 없기 때문에 당장 의학에 어떠한 영향을 미치지는 못했다.

19세기까지는 어떠한 측정기도 사용할 수 없었다. 1881년에야 비로소 빈에 있는 리터 폰 바쉬(Ritter von Basch, 1837~1905)는 기구를 소개하였다. 그것은 혈압을 더 이상 정맥을 통해서 측정하지 않아도 되는 편리한 기구였다. 맥박을 누르면서 전달된 역압을 피를 흘리지 않고 찾을 수 있게 된 것이다. 그 이후로 의사들은 이 혈압계로 혈압과 그 변화를 정확하게 측정할 수 있게 되었다.

하지만 혈압 수치에 관한 의사들의 이견은 오랜 시간 동안 논쟁으로 남았다. 세기의 변화에도 불구하고 여전히 혈압이 심장의 활동이 아닌 심장의 힘에 대한 측도라고 믿는 이들이 있다. 그들은 높은 혈압은 건강이 좋다는 것에 대한 표현이라고 생각한다.

2) 현대 측정기의 견본

1896년에 이탈리아 소아과의사 스키피오네 리바 로치(Scipione Riva Rocci, 1863~1937)는 오늘날에도 사용되고 있는 측정기를 개발하였다. 토리노(Turin)에서 진료하고 있던 이 의사는 아이들의 혈압을 측정할 때마다 뭔가 잔인하고 부족한 듯한 방법이라고 생각하게 되었다. 그리하여 1890년부터 고통이 없는 혈압 측정 방식의 개발을 시작하였다. 그는 1896년에 혈압의 간접적인 진단을 위해 현대적인 혈압 측정기의 견본을 선보였다. 부풀릴 수 있는 정체완대와 수은계를 사용하여 인간의 상박에서 최초로 외부 혈압 측정을 시행하였다.

스키피오네 리바 로치

오늘날에도 여전히 사람들은 혈압이라고 말할 때는 그에 대한 존경의 마음을 담아 RR(리바 로치)이라고 한다. 그

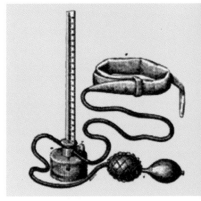

스키피오네 리바 로치가 만든 혈압 측정기

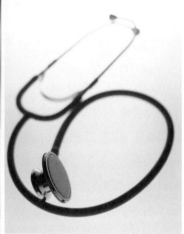

현대의 혈압 측정기와 청진기

후 러시아의 군의관 니콜라이 코로트코브(Nikolai Korotkow, 1874~1920)는 1905년 리바 로치의 방식을 더욱 향상시킨 기구를 내놓았다. 그는 혈압의 측정을 위해서 청진기를 투입하였다. 전형적인 코르트코브식 소리는 혈액이 소용돌이칠 때 생성되는 것으로써 1920년대 말부터 혈압 측정기는 진료소에서 빈번하게 볼 수 있었다.

현대 혈압기의 선구자이며 최초의 완전 자동 혈압 측정기는 1968년에 시장에 나오게 되었다. 1976년부터는 수동으로 쉽게 작동할 수 있는 전기 자가 측정기가 나왔다. 그것은 환자가 직접 의사나 치료사 없이 혈압을 측정할 수 있는 기기(기구)이다. 1989년부터는 계속 발전된 모델 출시로 집게손가락만으로도 혈압검사를 할 수 있게 되었다. 마침내 1992년부터는 손목에 착용하는 전기 측정기가 의료시장에 존재하게 되었다.

혈압은 두 가지 숫자로 횡선으로 분리되어 표시된다. 예를 들어 140/90mmHg라면 첫 번째 수는 심장수축 혈압을, 두 번째의 작은 수는 심장이완 혈압을 의미한다. 'mmHg'는 단위를 표시한다. 예를 들면 140/90의 혈압의 경우에는 심장 수축압이 수은주 140mm를 누르고 심장 이완압 90mm가 위로 눌러질 수 있다. 심장 수축압은 최고의 압력이다. 그것은 심장이 펌프를 하는 동안 수축할 때 생성된다. 심장 이완압은 심장이 이완되고 다시 피로 가득 차게 되는 단계에 존재한다.

11. 벤저민 프랭클린(Benjamin Franklin)
— 길들여진 번개(1752)

번개는 매혹적이지만 불안을 조성하는 하늘의 현상이다. 모든 그리스인, 로마인 그리고 게르만인은 번개는 제우스(Zeus), 주피터(Jupiter) 그리고 토르(Thor)의 기분 상태라고 여겼다. 1752년에 비로소 미국의 정치인이자 출판인인 벤저민 프랭클린(Benjamin Franklin, 1706~1790)은 번개가 전기의 폭발(방전)에 해당한다는 것을 증명하였다. 그 발견은

벤저민 프랭클린

아주 우연한 일에서 비롯되었는데 필라델피아의 거센 여름 뇌우가 프랭클린의 발견에 영향을 미쳤던 것이다.

어느 날 프랭클린은 연을 날리고 있었다. 그런데 어느 순간 연이 번개

번개

를 맞았고, 연줄로 전달되는 번개를 통해 프랭클린은 가볍게 감전을 당했다. 전기가 통하게 되는 물체는 뾰족한 도체를 통해서 방전될 수 있다는 현상이 프랭클린을 흥분하게 하였다. 그래서 1752년 9월 1일 그는 자신의 집에 철침을 갖춘 강철 막대기를 설치하였다. 그것은 지붕 위 2미터 높이로 우뚝 솟아 있었다. 막대는 1.5미터 깊이 바닥까지 닿는 배선을 통해 접지되었다. 피뢰침(금속막대)의 기능을 하는 것이었다. 그것은 번개를 받아서 지표 밑으로 전향시켰다. 하지만 번개는 항상 최고로 전류를 전도할 수 있는 길을 찾는다. 그렇기 때문에 피뢰침은 보호해야 하는 대상의 최고 지점에 설치되고 지표와 연결하였다. 그는 번개가 이상적으로 낙뢰할 수 있는 지점을 설정하였다. 높은 에너지가 피뢰침을 통해서 다른 방향으로 유도되었기 때문에 어떠한 피해도 없었다.

신의 기적에 반하는 이러한 불법행위는 수년 동안 교회의 반대에 부딪혔다. 20년 후에 프랭클린의 이러한 획기적인 발명이 통용되었다. 또한 교회의 탑 위에도 피뢰침이 설치되었다. 20세기에 비로소 연구가들은 둥글게 된 끝이 뾰족한 것보다 더 효과적이라는 것을 알아냈다.

실험을 하고 있는 벤저민 프랭클린

1) 안전한 보호 ─ 패러데이 상자

뇌우기 동안 감전을 당하지 않도록 잘 보호해 줄 수 있는 것은 패러데이 상자(faraday cage, 외부 전자기를 차단하여, 그 안에 있는 예민한 계측기를 보호하는 금속상자 ─ 역자 주)였다. 예전에는 제본공이었지만 후에는 자연연구가였던 마이클 패러데이(Michael Faraday, 1791~1867)가 1836년에 이러한 인식을 하게 되었다. 그는 전류가 흐르는 금속상자 안에 있는 사람은 전기의 감전위험으로부터 조금도 노

마이클 패러데이

출되지 않는다고 했다. 예를 들어 자동차 안에 앉아 있는 경우이다. 차 안으로 내려치는 벼락은 자동차 몸체의 납 안에서 전하(電荷)를 분리시킨다. 그리고 번개를 상쇄하는 판이 만들어진다. 거리로 내려치면서 접지하는 경우는 번개를 지표로 전향시킨다.

? 알고 넘어가기

상대적으로 쉽게 설치할 수 있는 피뢰침은 빨리 통용되었다. 무엇보다도 교회와 군대에서 먼저 흥미를 가졌다.(왜냐하면 그들은 최고의 건축물을 보호해야만 하기 때문이다.) 군대에서는 화약고를 소유하고 있고, 아주 드문 경우이지만 경우에 따라서 폭발할 수 있기 때문이었다.

12. 조반니 바티스타 모르가니
(Giovanni Battista Morgagni)
— 조직병리학의 기초를 세우다(1760)

중세의 사람들은 시체 해부를 너무 회의적으로 여긴 반면에 17세기에는 죽은 사람의 연구에 대한 유일한 의미를 인식하였다. 그래서 살아 있는 육체와 병에 대한 역추론을 가능하게 하였다. 오늘날 형태를 갖추고 있는 병에 대한 학설 병리학은 이탈리아 포를리 출신의 파도바 대학 내과 교수인 조반니 바티스타 모르가니(Giovanni Battista Morgagni, 1682~1771)로부터 비롯되었다. 그는 다섯 권의 책으로 된 《병의 발병지와 원인에 관하여 *De Sedibus et Causis Morborum per Anatomen Indagatis*》로 1761년 병리학적 해부학을 만들고 그것으로 미래의 과학적 연구의 기초를 만들었다. 약 700번의 시
체 해부를 토대로 작성한 그의 논문은 병의
증상과 시체 해부 검증 사이의 상호작용을
보여 주었다. 육체의 해부학적인 '해부술' 이
아니라 병과 조직변화 사이에 가능한 상호작
용이 전면에 대두되었다. 모르가니의 최고의
목적은 병의 증상, 병의 진행과정 그리고 부
검 결과 사이의 관계를 상세히 설명하는 것
에 있었다.

조반니 바티스타 모르가니

❗ 해부 관람표

초기 근대의 '원형 강의실(Theatrum anatomicum)'은 종종 대학의 폐쇄적인 홀이
아닌 밖에서, 심지어 시장에도 세워졌다. 목수들의 망치질과 톱질은 임박한 부검을 알
렸다. 신선한 나무의 냄새가 날 때 사람들은 시체의 해부가 행해진다는 것을 알게 되
었다. 공개적으로 대학의 해부학자들에 의해 해부되는 시체는 대부분 거의 사형당한
사람들이나 자살한 사람들이었다. 그들은 범행으로 인해 공동체와 교회로부터 소외되
었던 사람들로 대부분은 남자들이며, 예외적으로 여자들의 육체도 종종 있었다. 머리
에서 발까지 공개적으로 해부되는 시체는 유아 살인자들이었다. 도시의 시민들은 입
장표를 구한 뒤 참관할 수 있었다. 방부제가 없었기 때문에 작업은 신속하게 진행되었
다. 며칠 후에는 참기 힘든 부패한 냄새가 해부장소에 퍼졌다. 16세기 말에 이르러서
공개적인 사체 해부가 줄고 대학 안에서 조용히 시행되었다.

1) 조직병리학의 기초(창시)

모르가니에 의하면 모든 병은 해부학적 변화로 이어진다. 병을 묘사
할 때 그는 똑같은 병으로 죽었던 사람들의 병리학적인 조사결과를 체
계적으로 비교했다. 그는 해부학적 변화의 도움으로 병자들에게서 관찰

한 현상을 서술하고 설명할 수 있게 되었다. 그는 병의 증상이 발원하는 기관까지 추적하였다. 병을 만드는 요인들이 작용한 기관에 해부학적 변화가 일어난다는 것은 명백하다. 이러한 변화는 우연이 아니라 병상을 규정한다. 모르가니는 그가 창시한 병리해부학이 진단학에 몰두하도록 했다.

2) 독신(瀆神)과 시체의 장기를 훔치는 행위에 반대하여

모르가니의 공시 이후에 사체 해부는 연구가들 사이에서 논쟁으로 남았다. 교회는 그와 같은 독신(瀆神, 신을 모독함 —그 다음에 죽은 이가 어떻게 다시 부활하란 말인가?)에 반대하여 동요하지 않고 저항하였다. 여전히 시체 해부는 시행되지 않았다. 왜냐하면 해부하는 교수들이 나중에 남은 잔재들을 제거하는데 돈이 들기 때문이었다.

그 후 18세기 말에 비로소 전문가들, 소위 해부 담당 의사(라틴어로

루돌프 피르호

prosecare)가 직접 해부에 책임을 지게 되었다. 병원과 대학에서 그들에게 의뢰한 뒤 교수가 해부학 강의를 하는 동안에 대부분 외과 의사들인 해부 담당 의사들은 시체 조직의 해부상 변화를 보여 주었다.

최초의 해부 담당의사는 1796년 빈의 일반병원에서 자신의 일을 수행했고, 병리학과 최초의 교수직은 1819년에 스트라스부르크에서 위임

되었는데 장 프레더릭 롭슈타인(Jean Frederic Lobstein, 1777~1835)이다. 19세기 초에는 해부를 하는 동안 현미경의 도움으로 일정한 조직의 특징을 발견하게 되었다. 염증, 혈전증 그리고 암과 같은 현상들이 포괄적으로 루돌프 피르호(Rudolf Virchow, 1821~1902)를 통해 명백해졌다.

13. 제임스 와트(James Watts)
— 저압 증기기관(1765)

제임스 와트

진보(발달)한 기술로 인해 점점 더 다양해지는 대량의 기계를 작동시키기 위해서는 근력, 수력 그리고 풍력만으로는 충분하지 않다는 것이 17세기 말에 두드러지게 드러났다. 필요한 자원을 채굴하기 위해서 점점 더 깊은 곳으로 밀고 들어가는 광산에서 특히 두드러졌다. 갱(광산)으로 밀려드는 물을 제거해야만 하는 펌프의 작동이 가장 큰 문제점이었다. 그러나 산업혁명의 원동력이 되는 증기기관(steam engine)으로 이러한 문제점이 해결되었다.

드니 파팽

증기 크레인이 있는 석탄 채굴장의 권양기

1) 증기기관이 만들어지기까지의 긴 여정

증기기관을 건축하려는 시도는 몇 번 있었다. 프랑스의 드니 파팽(Denis Papin, 1647~1712)과 영국의 토머스 세이버리(Thomas Savery, 1650~1715)가 아마도 이 분야에서 가장 잘 알려진 사람들일 것이다. 둘 다 17세기에서 18세기의 전환점에 서로 독립적으로 증기기관을 만들려고 애썼고, 또한 그 당시에 말한 것처럼 '불로 물을 올리는 방법'을 알고자 한 이들이다.

파팽은 압력솥의 창시자로 1690년에 직접 구상한 증기기관에 관해 보고하였다. 약간의 물과 끼워 맞춘 피스톤을 실린더에 넣는다. 그런 뒤 실린더를 향해 외부에서 열을 가했다 식혔다를 반복하면 피스톤이 움직인다. 이러한 원리를 사람들은 역학적인 작업에 이용했는데 이것이 최초로

제임스 와트의
증기기관

작동하는 열기관이었다.

1698년 영국에서 세계 최초의 증기기관이 날카로운 소리를 내며 등장하였다. 영국의 무기기술자 토머스 세이버리가 광산의 갱도로부터 스며 나오는 물을 펌프질하기 위해서 그것을 조립한 것이다. 물론 그 기계는 그렇게 효과적이지 않은 것으로 밝혀졌다.

❓ 알고 넘어가기

이미 1세기에 그리스의 수학자 헤론 폰 알렉산드리아(Heron von Alexandria, ?~?)가 증기에 의해 가동된 최초의 장비 아이올로스공을 발명했다. 두 개의 관을 통해서 헤론은 수증기를 공탄(중공기) 안으로 인도했다. 증기는 양쪽의 통구로부터 나오고 반동으로 인해 공이 돌기 시작했다. 물론 아이올로스공은 헤론에게 작은 과학적 놀이일 뿐이었다.

2) 광부들의 친구

1712년 영국의 대장장이 토머스 뉴커먼(Thomas Newcomen, 1663~1729)은 광산에서 펌프를 가동시킬 수 있는 최초의 증기기관을 제작하였다. 기계는 대기의 원칙에 따라 작동, 즉 공기 압력에 달려 있었다. 기계는 증기로 가득한 실린더에 물을 주사함으로써 대기에 맞서는 저압을 만들어냈다. 이러한 압력 차이를 통해서 왕복운동을 하는 피스톤은 냉각하는 증기의 방향으로 끌어당겨지거나 또는 대기압에 의해 그쪽으로 눌렸다. 그리고 연이어 작동하는 펌프 막대의 독자적인 무게에 의해 다시 출발 위치로 돌아갔다. 뉴커먼의 '광부들의 친구'는 존 스미턴(John Smeaton, 1724~1792)이 기계의 에너지 사용을 반으로 절감하는 것에 성공했을 때 빠르게 영국의 광산을 정복했다. 대기의 증기기관 작용방식이 극대화된다는 것은 우연에 감사할 일이다. 기술자 제임스 와트는 1765년 뉴커먼의 기계 수리 부탁을 받았다. 이 일은 와트에게 계속적으로 발전할 수 있는 위대한 출발점이 되었다.

> **!** 볼턴 & 와트
>
> 와트의 금융 후원가이자 철광 제조업자 존 로벅(John Roebuck)이 1773년에 파산할 때 채권자 매튜 볼턴(Matthew Boulton)은 발명가 와트와 그의 프로젝트를 인수하였다. 그들은 함께 볼턴 & 와트 회사를 설립하고 1775년 버밍엄에 있는 소호에 증기기계 공장을 세웠다.
> 와트의 증기기계는 전 모델과 달리 60% 이상의 석탄 절약을 가능하게 했다. 즉 볼턴 & 와트 회사는 경영자들로부터 정기적으로 절약된 경비의 1/3을 특허권 사용료로 징수하였다.

3) 높은 성과, 적은 연료

와트는 뉴커먼의 '불의 기계'가 엄청난 연료를 필요로 하며 막대한 열 손실을 내며 작동한다는 생각이 들었다. 실린더를 교대로 가열하고 냉각하기 위해서 와트는 분리된 용기, 즉 응결기에 응축된 것을 옮겼다. 실린더가 온도를 지속적으로 높게 유지할 수 있도록 증기 재킷으로 감쌌다. 그러자 증기가 대기 압력의 작동효과를 이행했다. 기술자 와트는 바로 효과를 나타내는 저압 증기기계(저압이라는 것은 증기 축출의 낮은 수치를 말한다.—역자 주)라는 자신의 발명을 특허 신청하였고, 1769년에 특허발명으로 승낙되었다.

14. 에드먼드 카트라이트(Edmund Cartwright)
― 자동 직조기(1785)

산업혁명은 인류사에서 가장 중요한 경제와 사회적 혁명을 일으킨 셈이었다. 이러한 현상은 영국에서 출발해서 점차적으로 전 유럽으로 확산되어 인간의 삶을 결정적으로 변화시켰다. 노팅엄셔 출신의 목사였던 카트라이트는 자동 직조기의 발전과 함께 직물 생산에 미래를 위한 결정적인 추진력을 제공하였다.

에드먼드 카트라이트

18세기 초부터 섬유업체를 위한 기계의 발전은 영국에 집중되었다. 1600년에 작센(Sachsen)에서 날개 달린 물레가 발명되었으며, 그것으로 실을 동시에 뽑아내고 실패에 감을 수 있었다. 존 케이(John Kay, 1704~1764)의 플라잉셔틀(flying shuttle, '비사(飛梭)'라고 불리는 자동북.—역자 주)의 발명으로 1733년 계속적인 갱신(혁신)의 도약이 이어졌다. 그것은 베틀(織機) 양쪽에 북 상자가 붙어 있고, 속에는 북을 튕겨내는 스프링 장치가 있어 이것을 가죽끈으로 당기면 자동으로 북이 튀어나오게 만들어졌다. 이 북의 사용으로 직조 속도가 배로 빨라졌고, 혼자서 폭이 넓은 천도 짤 수 있게 되어, 직조작업이 도구(道具)에서 기계로 이행해 가는 결정적인 계기가 되었다. 노동자들은 좀 더 빠르게 원료를 생산할 수 있게 되었으며, 그것으로 더 많은 것을 생산할 수 있게 되었다.

한편 실에 대한 수요도 빠르게 증가하였다. 여전히 손으로 뽑아내고 있던 실에 대한 엄청난 수요를 감당하기 위해서 제임스 하그리브스(James Hargreaves, ?~1778)는 1764년에 딸의 이름을 딴 최초의 방적기인 '제니 방적기'를 발명하였다. 이러한 기계적인 수동물레는 8개의 실을 동시에 뽑아냈다.

1769년에 좀 더 발전된 모델이 선을 보였다. 리처드 아크라이트(Richard Arkwright, 1732~1792)는 방적 과정을 위해 수력으로 작동되는 기계를 조립한 것이다. 그 기계는 앞서 뽑은 실을 쭉 펴기 위해서 롤러를 사용하지만 대체로 동력추진을 이용한 중세의 (날개 달린)물레에 해당하였는데 균일하고 질긴 면사를 만들어 냈다. 이어지는 6년 동안에 아크라이트는 앞선 방적작업 과정과 자연섬유의 다듬기 그리고 실을 짤 수 있도록 가공된 섬유를 주행방향으로 끌어당기는 과정을 기계화했다. 무엇보다도 영국의 목사 에드먼드 카트라이트(Edmund Cartwright, 1743~1823)의 공로가 컸다.

1) 처음에는 비웃고 나중에는 경탄하다

1785년 에드먼드 카트라이트는 작동하는 자동 직조기를 만들고 이것을 특허청에 신청하였다. 이러한 기계를 구성하는 가장 중요한 요소 중의 하나는 그의 동향인 존 케이가 만든 플라잉셔틀이다. 물론 이 기계를 이용하여 처음으로 방직한 직물은 질적인 측면에서 너무 부족한 점이 많아서 당시의 수공업자들에게 비웃음거리가 되었다. 그러나 카트라이트는 흔들리지 않고 계속 그 작업에 매달렸다. 1803년 결국 그는 결함 없이 작동하는 자동 직조기를 선보였다. 그리고 1806년부터는 증기로

18~19세기 방적공장을 묘사한 그림

작동되었다. 그 결과 어마어마한 양의 직물이 생산될 수 있었다. 면, 양모, 아마, 비단 등 어떠한 직물이든지 생산이 가능했다.

1830년 영국과 스코틀랜드에는 이미 55,000개의 직물기계가 있었다.

15. 에드워드 제너(Edward Jenner)
— 전염병에 맞서 싸우다(1796)

에드워드 제너

1796년 유럽의 의사들은 전염병이 확산되자 매우 당황했다. 인류 최고의 시련 중 하나라 할 수 있는 천연두는 매우 빠른 속도로 대륙에 전파되었다. 그리고 거의 세 명 중 한 명은 죽었다. 전염병은 약 6천만 명의 희생을 낸 18세기에 최고의 절정에 달했다.

오리엔트와 중국에서는 그 당시에 이미 천연두(天然痘)에 대한 예방

조치를 강구하였다. 천연두에 걸린 사람의 고름을 바늘을 이용하여 건강한 사람들에게 전이했던 것이다. 이러한 전이는 가벼운 형태의 전염을 일으키지만 그 이후에는 병이 발병하지 않도록 보호해 주었다.

유럽에서는 1713년에야 최초로 이러한 가능성을 인식하게 되었다. 천연두에 대한 예방은 위험하지 않지만 가끔 인공적인 감염으로 심한 병을 일으키기도 했다.

1) 우두에 관한 것

영국의 의사 에드워드 제너(Edward Jenner, 1749~1823)가 안전한 방식을 발전시켰다. 작은 시골 버클리의 목사 아들이었던 제너는 매일 자신의 진료실에서 전염병의 결과를 직면하게 되었다. 인간에게는 그리 위험하지 않은 우두에 감염된 목부들은 천연두를 전혀 앓지 않거나 가벼운 감염에 그친다는 얘기를 듣게 되었다. 이러한 상황을 그는 더 정확하게 조사하고 싶었다. 1786년 5월 14일 그는 한 목부의 손 우두 수포에서 몇 방울의 액체를 뽑아냈다. 그리고 이것을 여덟 살 소년의 작은 상처에 주입했다. 소년에게서 우두의 전형적인 농진은 곧 완치되었다. 그 후 제너는 소년에게 진짜 천연두 병원체를 주사하였다. 제너가 실험을 반복할 때 소년은 천연두에 대해 면역성이 생기게 되었고 건강해졌다.

예방접종의 아버지인 제너는 자신의 임상실험을 1798년에 공개하였다. 종두(우두)라고 불리는 그의 예방접종방식은 전 유럽에 빠른 속도로 전파되었다. 천연두는 그때부터 더 이상 심각한 병으로 여기지 않게 되었다. 예방접종의 의학적 배경을 제너와 그의 동시대인들은 알지 못했

우두 접종하는 제너

고, 병의 원인과 병원체도 알려지지 않은 때였다.

의사이자 화학자인 루이 파스퇴르(Louis Pasteur, 1822~ 1895)가 비로소 약화된 병원체로 면역성을 부활시켰다. 1885년 그는 조류 인플루엔자, 비탈저 그리고 우두에 대한 예방접종을 개발하였다.

❗ 예방 접종

예방 접종

예방접종의 기본원칙은 육체에 병원체의 구성요소나 병이 발병하지 않게 하는 병원체의 형태를 투여하는 것이다. 그래서 많은 양의 항체(단백질 성분의 화합물)를 생성하기 위한 면역체계를 자극한다. 그러면 나중에 병원체와 새로운 접촉이 이어지고 이미 존재하는 항체는 병원균을 무해하도록 하여 병이 발생할 수 없게 한다.

16. 리처드 트레비식(Richard Trevithick)
— 증기기관차(1800)

급격한 산업발전의 시대에 중요한 것은 좋은 경제기반(하부구조)이었다. 인력도 중요하지만 무엇보다도 원재료와 제품이 적절한 비용으로 빠르게 수송되어야만 했다. 더 이상 우편마차만으로는 감당할 수 없는 시대가 도래한 것이다. 영국의 기술자이자 기계제작자 리처드 트레비식(1771~1833)은 이러한 문제를 성공적으로 해결한 기계시대의 창시자에 속한다.

리처드 트레비식

이미 광산에서 갱부로 일한 경험이 있는 다방면에 능한 이 설계자는 1765년에 제임스 와트가 발명한 저압 증기기계의 개선에 몰두하였다. 저압 증기기관은 산업생산의 최전성기에 투입되었으나 차량의 동력에 사용하기에는 적합하지 않았다. 그렇기 때문에 트레비식은 고압 증기기관의 생산에 몰두하게 되었다. 그가 고안한 것은 좀 더 작고 가벼운 것으로써 증기압은 대기 압력보다 높았다. 1800년에 트레비식은 자신의 목적을 달성하였다. 즉 최초로 가동할 수 있는 모델이 특허를 받게 되었다. 거의 동시에 미국의 발명가 올리버 에번스(Oliver Evans, 1755~1819)도 유사한 것을 발명하였다. 트레비식은 자신의 소리 나는 기계의 가치를 인식하게 되었고, 1801년에 증기에 의해 작동되는 차를

증기력을 상상하는 제임스 와트

우리나라에서 운행되었던 파시형 증기기관차

고안하였다. 그리고 그 차는 얼마 후에 선로에서 달릴 수 있게 되었다.

1) 뒤집어진 물통이 첫 운행을 하다

1804년 2월 13일에— 적어도 대부분의 역사 서술가들은 첫 운행을 이 날짜로 기록하였다—트레비식은 페니다렌(Peny Darran)이란 이름의 최초의 증기 기관차가 조절장치의 발명과 함께 가쁘게 소리를 내며 움직이는 것을 입증하였다. 다음 날 트레비식은 지인에게 편지를 썼다.

'우리는 10 톤의 철, 5대의 차와 17명의 사람을 운송할 것입니다. …… 약 9 마일(14.5km)을 4시간 5분 안에 운송할 예정입니다.'

그리고 마침내 트레비식은 해냈다. 페니다렌은 굴뚝과 바퀴가 달린 뒤집어진 물통처럼 보였다. 그리

복원한 트레비식의
페니다렌 기관차

고 짐을 싣지 않으면 한번에 1시간당 5 마일(8km)을 달릴 수 있었다. 중요한 점은 이것이 작동한다는 것이다. 트레비식은 와트의 증기기계를 개선했던 것이다. 증기기계 안에는 높은 압력이 만들어지고 철로 된 선로의 마찰저항이 극복되었다.

하지만 주철의 선로는 수년 동안 새로운 철도의 약점으로 남았다. 트레비식의 증기기관은 영국의 남쪽과 북동쪽에 있는 광산의 마차 철도선을 달리기에는 너무 무거웠다. 나중에 유명하게 된 트레비식의 동향인 조지 스티븐슨(George Stephenson, 1781~1848)은 1813년에 비로소 '로켓(Rocket)으로 기술적인 돌파를 하게 된다. 1830년 5월 3일에 캔터베리(Canterbury)와 위츠터블(Whitstable) 사이의 구간에 정규적인 여객 수송이 시작되었다.

17. 카를 프라이헤어 드라이스 폰 자우어브론
(Karl Freiherr Drais von Sauerbronn)
— 자전거를 타다(1817)

카를 프라이헤어 드라이스 폰 자우어브론

카를 프라이헤어 드라이스 폰 자우어브론(1785~1851)의 꿈은 말없이 움직이는 차를 만드는 것이었다.

민족경제학자 애덤 스미스(Adam Smith, 1723~1790)는 인간들이 굶주리고 있는데 말에게 먹이를 주는 것은 부도덕하다고 여겼다. 그러나 드라이스는 생각을 하면 행동이 따라야 한다고 주장했다.

1812년 흉작 후에 그는 우선 근력으로 작동하는 네 바퀴의 차량기를 만들었다. 하지만 대부분의 동시대인들에게 그의 아이디어는 어처구니없고 쓸모없는 것처럼 보였다. 그의 이륜차가 먼저 선풍을 일으켰다. 1785년에 카를스루에(Karlsruhe)에서 태어난 카를 프리드리히 프라이헤어 드라이스 폰 자우어브론의 직업은 산림국장이었다. 하지만 그의 관심은 물리와 기계학에 쏠려 있었다. 1811년에 그는 '기계학의 교수'라는 직함을 달게 되었다. 그 이후로 그는 자신의 발명에 온힘을 쏟게 되었다. 1814년 그는 공개적으로 네 바퀴의 철로 차량을 소개하였다. 운전자가 지레의 상하운동으로 그 차량을 움직이는 것이었다. 러시아의 황제 차르 알렉산더는 드라이지네(Draisine)의 견본을 독창적이라 여겨 드라이스가 빈 회의에서 자신의 차량을 소개할 것을 권했다. 그는 박수를 받지만 실제로는 어느 누구도 그를 진지하게 받아들이지 않았다. 합승마차에 대한 대안으로 선보인 이 기계는 고위층에게는 웃음거리일 뿐이었다.

최초의 자전거 드라이지네

1) 페달 없는 자전거

드라이스는 사람들의 조소에 낙담하지 않고 계속 자신의 발명을 이어갔다. 게다가 그

드라이지네를 타는 사람

는 두 개의 바퀴가 있는 차량이 훨씬 더 가볍게 움직일 수 있다는 것을 확인하였다. 조종할 수 있는 앞축은 차로의 울퉁불퉁함과 장애물을 비켜갈 수 있도록 하였다. 그 당시의 교통상황에서는 한 걸음이라도 더 편안해지는 것이다.

발 마차의 경우 페달 작동이 가장 큰 약점이었다. 운전자가 직접 발로 땅에 반동을 주어 작동시켜야만 했다. 그 외의 기능에 있어서는 현대적인 자전거가 갖추고 있는 모든 것이 부가되어 있었다. 핸들, 커브 차단기가 있는 브레이크, 자전거 뒷자리의 짐판, 받침 그리고 심지어는 위치를 조정할 수 있는 깃털로 된 안장까지. 만하임(Mannheim)에서 쉬베칭어 레라이스하우스까지 달리는 기계(드라이지네, 댄디 호스와 베로지페드라고 부르기도 한다. ― 역자 주)의 첫 번째 주행을 드라이스는 1817년 6월 12일에 착수하였다.

> **❗ 교통 규칙**
>
> 1818년 드라이스는 자신의 발명에 대해 바덴의 특허를 받게 되었다. 그리고 나머지 유럽에서는 복제품이 엄청나게 생산되었다. 특히 유별난 생활양식을 누리는 무리들은 말의 대체인 새로운 형태의 흥미로운 유행 스포츠기(자전거)에 엄청난 관심을 가졌다. 하지만 곧 자전거를 타는 것은 금지되고 제한되었다. 경찰관들은 도보길에서 타는 경우에는 벌금을 징수했고, 운송차들의 차도에서 타는 것은 허락했다. 하지만 차도는 움푹 파헤쳐진 곳이 많아서 차도에서 교통장애로 취급받는 두 바퀴 차량 이용자들을 위해서는 별 쓸모가 없었다.

2) 바덴의 미친 산림국장

드라이스의 달리는 기계는 엄청난 속도로 확산되었다. 체조협회에서는 선수들의 육체적 단련을 위해 그것을 주문했고, 영국에서는 구식 자전거 경기와 자전거와 말 타기 사이의 큰 경주가 개최되었다. 그럼에도 불구하고 베로지페드(스위스에서 사용하는 말, 자전거)를 발명한 사람은 재정적으로 성공을 거두지는 못했다.

1849년에 귀족 직위를 거절하는 신념이 강한 민주주의자 드라이스는 혁명의 좌절 후에 정신적 이상이 있는 것으로 낙인찍히게 되었다. 사람들은 그를 '바덴의 미친 산림국장'이라고 불렀다. 그는 1851년에 빈털터리로 죽음을 맞이했다. 자전거를 위한 최초의 단계는 1864년 앞축에 페달을 설치하는 것이었다. 왜냐하면 체인을 가진 뒤축은 아직 알려지지 않았기 때문에 좀 더 높은 전동비와 속도를 내기 위해서 앞축만이 점점 더 커졌다.(높은 자전거)

영국의 한 자전거 공장에서 마침내 1885년 뒤축 체인 장치가 있는 최초의 낮은 자전거를 대량 생산하였다. 낮은 자전거가 대량 생산됨으로써 공장으로 일하러 가는 노동자들에게도 조달되었다.

18. 기데온 앨저넌 먼텔(Gideon Algernon Mantell)
— 공룡(거대 도마뱀, 1822)

영화관에서의 거대한 몬스터, 박물관에 전시되어 있는 어마어마한 뼈대, 또는 아이들 방에서의 다양한 장난감 등 공룡은 어떠한 형태로든 인간에게 끊임없는 매력을 주고 있다. 그들의 전성기는 약 3억 년 전 카본기의 말경 지구의 중세(땅의 중세)에 시작되었다. 그리고 대체로 약 6500만 년 전에 끝났다. 이 척추동물은 백악기 제3기층기의 과도기에 왜 갑자기 사라졌는지는 오늘날까지 진화사의 수수께끼 중 하나이다. 거대도마뱀 공룡은 다리의 배치가 몸통 아래에 바로 있는지, 몸통 옆에 있는지에 따라 다른 파충류와 구별된다. 그들의 거대한 몸의 무게를 사지손발이 지탱할 수 있다는 것에 대한 전제를 제시하는 것이다. 게다가 최초의 공룡에 관한 스케치는 중국에서 유래한다. 하지만 그것의 거대한 뼈는 그 당시 학자들에게서 인정을 받지 못했다. 그들은 단지 우화속의 존재나 용의 뼈와 관계가 있다고 믿었다.

1) 영국 시골 의사의 발견

19세기까지 어느 누구도 지구상에서 거대도마뱀의 이전 존재에 관해서는 어떠한 것도 예견하지 못했다. 발굴시 공개된 거대한 뼈는 대부분 코끼리 또는 무소의 것이라고 생각했다. 이러한 상황은 1822년에 순간적으로 변했다. 아내와 함께 지질학에 관심이 있었던 시골의사 기데온 먼텔(1790~1852)이 영국 남쪽의 해안가에서 관심을 불러일으키는 이빨을 발견하였던 것이다.

런던에 있는 외과왕립대학의 박물관에 보관되어 있는 비슷한 이빨과 비교해 본 결과 그는 예전에 이 거대한 파충류가 백작령 서섹스(Sussex)에서 살았음에 틀림없다는 생각에 도달하였다. 먼텔은 이 동물을 그리스의 어휘로 된 '이구아나 이빨'이라는 의미를 가진 이구아노돈(Iguanodon, 쥐라기 말기와 백악기 초기의 암석에서 화석으로 발견되는 대형 초식성 공룡의 한 속.—역자 주)이라 칭하였다. 감탄한 화석 수집가 먼텔은 복구(복원)를 시도하지만 그의 부족한 정보 상태로는 역부족이었다. 그는 이구아노돈을 긴 꼬리를 가지고 있으며 도마뱀과 비슷한 머리에 네 발을 가진 용과 비슷한 동물로서 간주했다. 이 동물의 주둥이에 그는 짧은 뿔을 붙였다. 나중에 확인된 것이지만 그것은 뿔이 아니라 이 동물의 엄지손가락이었다. 이와 같이 손에 나 있는 원추형의 뾰족한 가시는 방어나 땅파기용으로 사용하였을 것이다. 그 후 1877년에서야 비로소 이구아노돈의 진정한 본성 (Natur)을 인식하게 되었다.

한편 그 해에 벨기에의 작은 도시 베르니사르(Bernissart) 근처 석탄광 산에서 광부들이 총 31가지 견본이 되 는 거대한 뼈들을 발견했다. 전 세계 사람들의 이목을 끈 뼈대는 조립되어 오늘날 브뤼셀에 있는 자연사박물관 에서 관람할 수 있다.

면텔

! 이구아노돈(Iguanodon)

이구아노돈은 5 미터의 높이, 9 미터의 길이에 약 4.5 톤의 무게로 추정된다. 아마도 그것은 작 은 무리를 지어 백악기의 열대를 돌아다니고 강 이나 개울의 물가 영역에서 양치류와 쇠뜨기를 모조리 뜯어 먹었을 것이다. 그들은 대부분의 시 간을 네 다리로 보내지만 똑바로 서서 걸을 수 도 있으며, 이러한 자세에서 높은 곳에 있는 식 물에 접근할 수 있었을 것으로 본다. 게다가 그 들은 균형을 유지하기 위해서 긴 꼬리가 발달한 듯하다.

이구아노돈과 사람의 크기 비교

2) 계속되는 발굴과 '뼈의 전쟁'

10년 후에 먼텔은 '힐라에오사우루스(Hylaeosaurus)'로 끄덕하지도 않는 공룡의 최초 그룹을 형성하게 되었다. 명백히 거대한 도마뱀에 속 하는 화석이 계속 발견되기에 고생물학자 리처드 오언(Richard Owen,

리처드 오언

에드워드 드링커 코프

1804~1892)은 사멸한 파충류 그룹의 이름을 부르기 위해서 '공룡(끔직한 도마뱀)' 이라는 이름을 각인시켰다. 1854년에 먼텔 식의 '이구아노돈'을 완전히 복원하게 되었다.

1870년에 북아메리카에서 서로 적대관계를 가졌던 고생물학자이자 화석 수집가 에드워드 드링커 코프(Edward Drinker Cope, 1840~1897)와 오스니얼 찰스 머시(Othniel Charles Marsh, 1833~1891) 사이에 새로운 공룡의 발굴에 관한 내기가 시작되었다. 이러한 뼈의 전쟁(bone war)은 심지어 무기를 사용한 폭력 사태가 벌어지기도 했다. 물론 이러한 발굴은 뉴욕, 런던 또는 베를린에서 수많은 거대한 자연과학박물관을 위한 기반이 되었다. 두 사람은 내기를 통해 수많은 공룡들을 세상에 알렸다. 그들은 공룡을 알로사우루스

(Allosaurus), 케라토사우루스(Ceratosaurus), 디플로도쿠스(Diplodocus), 브론토사우루스(Brontosaurus, 오늘날에는 아파토사우루스(Apatosaurus)로 불린다.), 스테고사우루스(Stegosaurus)와 캄프토사우루스(Camptosaurus)라고 분류했다. 수많은 새로운 발견은 진정한 공룡 마니아를 생기게 하였다. 점점 더 많은 화석 사냥꾼들이 이 피조물들을 찾아 나섰다.

20세기가 되면서 공룡의 상이 변했다. 예전에는 바닥을 어렵게 기어다니는 거대한 도마뱀으로 공룡을 묘사했다면, 이제는 현대의 포유동물과 새들도 따라 잡을 수 없이 빠르고 민첩한 사냥꾼이라는 것을 사람들은 인식하게 되었다.

? 알고 넘어가기

공룡의 거대한 그룹은 도마뱀의 골반을 닮은 공룡(용반류 공룡)과 새의 골반을 닮은 공룡(조반류)의 2가지 상이한 계통으로 분리된다.

용반류 공룡에는 초식류와 육식류가 속한다. 게다가 그들은 두 가지 하부계통으로 나뉜다. 수각류 테로포드(Theropode, 포유동물의 발)와 용각형류 사우로포도모르파(Sauropodomorpha, 도마뱀발)이다. 또 수각류에는 코엘루로사우리아(Coelurosauria, 긴 앞발 도마뱀), 데이노니코사우리아(Deinonychosauria, 무시무시한 발톱이 있는 도마뱀), 카르노사우리아(Carnosauria, 육식공룡)가 속한다. 용각형류에는 프로사우로포드(Prosauropod, 사우로포드 이전에 살았던 공룡)와 사우로포드(Sauropode, 도마뱀발)가 속한다.

조반류는 오로지 초식류였고 원래 아래턱에 작은 뿔 주둥이를 가지고 있었다. 그들은 더 이상 중간 계통에서 분리될 수 없는 4가지 하부계통으로 나눠졌다. 오르니토포드(Ornithopod, 새의 발), 스테고사우리아(Stegosauria), 안킬로사우리아(Anklylosauria)와 케라톱시아(Ceratopsia, 뿔 공룡)이다.

19. 윌리엄 오스틴 버트(William Austin Burt)
— 최초의 타자기(1829)

미국의 토지측량기사였던 윌리엄 오스틴 버트(1729~1858)가 기계 타자기의 모형을 고안할 때 자신의 발명이 다가올 수십 년 동안의 작업과정을 얼마나 혁명적으로 변화시킬지를 예측하지 못했다. 하지만 버트가 텍스트 입력의 자동화를 시작한 최초의 연구가는 아니었다.

윌리엄 오스틴 버트

1) 밀의 타자기에 대한 아이디어

타자기가 최초로 자세히 소개된 날짜는 1714년 1월 8일이었다. 이날 영국의 특허청은 다음과 같이 묘사되는 기계에 대해서 기술자 헨리 밀에게 왕의 특허권 395번을 수여하였다.

'인쇄물처럼 차례로 철자를 각각 또는 이어서 게재하거나 복사하는 인공적인 기계방식은 모든 텍스트가 종이나 양피지에 너무 명확하고 깨끗하게 복사되기 때문에 인쇄된 글자와 구별할 수 없었다.'

그러나 이 기계의 제작과 실용적인 사용에 대한 제시는 없다. 추정할 수 있는 것은 타자기가 눈먼 이들을 위해 고안되었다는 것이다. 그러나 이 기계는 그다지 주목을 받지 못했다. 구상에 관해서는 어떠한 스케치도 남아 있지 않기 때문이다. 밀은 다만 타자기의 아이디어에 대해서만 특허권을 받았던 것이다.

2) 버트 식의 식자기

100년이 훨씬 더 지난 후에야 드라이지네를 발명하고 이름을 부여한 카를 프리드리히 드라이스가 비로소 타자기에 대한 아이디어의 전환을 새로이 선보였다. 1820년에 그는 16 활자(주조한 인쇄문자)로 속기를 가능하게 하는 기계를 만든 것이다.

그와 별도로 미국 미시건에서는 윌리엄 버트가 상당한 크기의 나무로 된 기구 타이포그래피(활판 인쇄술)를 붙들고 연구를 하고 있었다. 버트는 활자를 금속바퀴에 고정시

자신이 만든 타자기 앞에 앉아 있는
크리스토퍼 래섬 숄스

켰다. 그런 뒤에 금속바퀴를 다시 반원 모양의 테두리에 놓았다. 원하는 문자가 제대로 위치할 수 있도록 버트는 크랭크(돌리는 손잡이)의 도움을 받아 바퀴를 작동시켰다. 이어서 지레를 움직이자 그것은 활자를 종이에 누르고 잉크가 묻은 자국이 남게 되었다. 이 결과에 그렇게 만족하지 못한 버트는 두 번째 타자기의 발전에 매진하였다. 그는 현대의 플립 자동기의 크기만큼 다루기 힘든 기계를 만들었다. 마침내 손으로 쓰는 것만큼 거의 비슷하게 빠르게 타자하는 것에 성공하였던 것이다. 1829년 7월 23일에 그는 특허권을 받았다. 하지만 고객들은 그의 거대한 기

계를 별로 찾지 않았다.

크리스토퍼 래섬 숄스

숄스가 만든 레밍턴 타자기

3) 타자기의 개선행진

타자기가 호응을 얻게 되기까지는 1870년대의 초반까지 기다려야만 했다. 그때까지는 모든 타자기의 모델들이 일상에 큰 도움이 되지 않는 것으로 평가되었다. 1873년의 숄스와 글리든 타자기(Sholes & Glidden Typewriter)가 성공의 축배를 들게 되었다. 그것은 상대적으로 다루기 쉬운 크기일 뿐만 아니라 무엇보다도 크리스토퍼 래섬 숄스(Christopher Latham Sholes, 1819~1890)가 고안한 자판을 이용하였기에 매우 편리했다.

최초로 대량으로 생산된 타자기는 1874년 미국총기제작회사 레밍턴(Remington)의 1호이다. 그것은 44개의 키를 가지고 있으며 단지 대문자만을 쓸 수 있었다. 발의 페달을 이용해 후진이 가능했다. 레밍턴 2호는 1878년에 시장에 나왔는데 대문자와 소문자를 전환할 수 있고, 타자기의 잉크 리본이 움직였다. 그 외에도 그것은 이미 쿼티(QWERTY, 타이프라이터식 키 배열로 된 자판. 영자 키의 최상렬이 좌측으로부터 q, w, e, r, t, y의 순으로 되어 있는 일반적인 것.—역자주) 자판을 가지고 있었다.

❗ 쿼티(QWERTY) 자판

쿼티 자판은 영어 타자기나 컴퓨터 자판에서 가장 널리 쓰이는 자판 배열이다. 자판의 왼쪽 상단의 여섯 글자를 따서 이름이 붙여졌다. 1868년 크리스토퍼 래섬 숄스가 이 배열에 대한 특허를 냈다. 이후 숄스는 1873년에 레밍턴에게 이 특허를 팔았으며, 레밍턴은 이후 타자기를 만들 때 처음 사용하였다. 이를 기초로 많은 독일어의 QWERTZ 자판과 프랑스어의 AZERTY 같은 다른 언어를 위한 자판이 만들어졌는데 QWERTY 자판에서 Z가 Y보다 많이 쓰이고, 또 Z와 A가 연달아 나오는 경우가 많아 자판의 배열을 바꾼 것이다.

쿼티(QWERTY) 자판

4) 새로운 여성 직업

예전에 관청에서 여성들이 하는 일은 전화를 받는 것이 전형적인 일이었다. 사무원으로 일을 시작하는 것은 그 당시까지는 여성들에게는 접근할 수 없었던 직업영역이 열리기 시작하는 것을 의미했다. 1890년 대부터는 여성들이 예전에는 들어갈 수 없었던 '남성들만의 사무실'로 들어가게 되었다. 왜냐하면 사무직뿐 아니라 무역직의 경우에도 숙련된 노동력에 대한 수요가 증가했기 때문이었다. 1907년 독일의 산업에서

화이트칼라 직종에 여성들의 비율은 9 퍼센트 이상이나 되었다. 이러한 발전에서 타자기가 중요한 역할을 하게 되며 이것은 세기의 전환점에서 사무실 노동의 혁명을 불러일으켰다. 남성들은 여성들의 경쟁에 대항해서 저항하였지만 타자기, 전신기, 복사기의 업무는 여성들이 거의 독점하게 되었다.

? 알고 넘어가기

1903년 블릭켄스도르퍼 엘렉트릭(Blickensdorfer Electric)에 의해 최초의 전기 타자기가 시장에 나왔다. 하지만 이것의 기술이 수십 년 이상 앞서 있었어도 그리 환영받지 못했다. 아마도 그 원인은 당시 전기 사용이 일반적이지 않았기 때문인 듯하다. 1960년대에서야 비로소 IBM의 전기 타자기(Selectic Typewriter)가 사무실을 정복하게 되었다.

20. 새뮤얼 핀리 모스(Samuel Finley Morse)
— 모스 알파벳으로 정보를 전달하다(1833)

새뮤얼 핀리 모스

먼 거리에 메시지를 전달하고자 하는 욕구는 인간이 사고를 하게 될 때부터 발명의 정신을 자극했다. 초기의 문화들은 북, 연기 그리고 불의 신호로 의사소통을 했다. 후에는 파발꾼들이 걸어서, 또는 말을 타고 그리고 좀 더 후에는 마차를 몰면서 이곳에서 저곳으로 정보를 전달하기 위해서 서둘러야 했다. 또한 편지를 전달하는 비둘기도 있었다.

하지만 근대에는 이러한 모든 방법들이 너무 느리게 여겨졌다. 18세기 말에 프랑스의 기술자이자 성직자 클로드 샤프(Claude Chappe, 1763~1805)는 빠른 정보수단으로서 시각 전신기를 최초로 고안하였다. 소위 말하는 날개 달린 전신기는 움직이는 각목을 단 말뚝으로 구성되었다. 각목은 개개의 부호나 철자를 상징하는 196개의 상이한 자리에 배열되었다.(수직 막대기에 이동이 가능한 가로 막대를 여러 개 달고 각각의 가로 막대에 신호자의 깃발과 같은 여러 가지 형태를 가질 수 있는 표지를 달아 사용했다.─역자 주) 파리와 릴 사이에 그와 같은 기구들의 대열이 세워지고 곳곳에 각각 망원경을 가진 사람이 배치되었다. 전달된 날개 달린 전신기의 위치를 쫓아 자신

빌헬름 에두아르트 베버

카를 프리드리히 가우스

이 가지고 있는 장비가 해당하는 위치를 찾아 다음 사람에게 전달하기 위해서였다. 이러한 방식으로 한 시간 안에 300 킬로미터 거리의 난관을 극복할 수 있었다.

19세기 초에 전기와 자력에서 획득한 새로운 인식을 통해서 곧 새로운 해결점이 가능하게 된다. 사람들은 정보가 전기 신호로 변환될 수 있는지 없는지에 관해 그것을 전달할 수 있는지를 그리고 수신을 할 때에 다시 정보로 변화될 수 있는지를 생각하기 시작했다. 최초의 전기 자력 전신기를 1833년 독일의 물리학자 빌헬름 에두아르트 베버(Wilhelm Eduard Weber, 1804~1891)가 수학자 카를 프리드리히 가우스(Carl Friedrich Gauss, 1777~1855)와 함께 고안했다. 그는 전기충격으로 암호화된 텍스트를 점자로써 종이 위에 보이도록 했다.

1) 모스 알파벳 또는 짧고 긴 신호

1833년 뉴욕의 제도술 교수가 현대 커뮤니케이션 시대로의 진정한 돌파구를 만들었다. 그가 새뮤얼 모스(Samuel Morse, 1791~1872)이다. 그는 한 가지 시스템을 개발하였다. 그 시스템은 길고 짧은 충격전파(임펄스)가 종이 띠 위에 보이게 하든지 음향신호로 들을 수 있게 하였다. 전신기의 발송은 스위치로 구성되며 스위치로 일정한 기간 동안 전류가 흐르는 것을 중단할 수 있었다. 수신은 전기 자력으로 조종되는 핀으로 구성되었다. 그 핀은 초창기의 모델에서는 지그재그 부호로 문자를 종이 밴드 위에 기록하였다. 1836년에는 줄과 점(길고 짧은 신호)으로 된 부호 시스템이 이어졌다. 그것은 소위 말하는 모스 알파벳이었다. 그것으로 소식을 좀 더 빨리 전달할 수 있었다.

1843년 미국의회는 워싱턴DC에서 볼티모어까지 60 킬로미터 길이의 전신선을 설치하는 비용 3만 달러를 지원하였다. 그로부터 일 년 후에 전신선을 이용한 최초의 소식이 전달되었다.

1850년대 말에 북아메리카와 유럽 사이에 최초로 케이블이 연결되었다. 부분적으로 모스 알파벳은 해상무선과 아마추어 무선방송에서 오늘날에도 사용되고 있지만 이 시스템은 점점 더 위성전화로 대체되는 추세이다.

? 알고 넘어가기

커뮤니케이션 기술은 19세기 초에 출발점에 서 있었다. 그것의 발전을 위해 절대적으로 필수적인 전제는 1835년에 물리학자 조지프 헨리(Joseph Henry, 1797~1878)가 발전시킨 계전기이다. 계전기의 원칙은 또한 모스 장치에서 찾을 수 있다. 계전기는 전기전자로 작동되는, 켜고 끄는 스위치나 전기회로의 전환이다.

21. 찰스 다윈(Charles Darwin)
— 생명의 기원(1844)

찰스 다윈

1859년 영국의 자연연구가 찰스 다윈(1809~1882)이 출간한 《종의 기원에 관하여》라는 주요작품은 전 세계적으로 생물학뿐 아니라 전체 학문에 엄청난 파장을 가져왔다. 생물체 공동의 기원에 관한 이론과 단계적인 진화에 관한 구상을 통해서 인간은 자신들의 생물학적인 특수지위를 잃어버렸다. 진화이론은 19세기 자연과학의 가장 위대한 발견 중의 하나이다. 계몽주의의 정신에 입각한 진화이론은 모든 종류의 창조 신화를 버린다. 이미 다윈은 청소년기에 의학뿐만 아니라 신학, 생물학 그리고 지질학에 몰두하였다. 그의 사회적 지위와 자연에 대한 인식은 1831년에 그가 선장의 조언자 자격으로 측량선 '비글(Beagle)'의 세계 일주 항해에 참여할 수 있도록 하였다. 1836년 10월 항해에서 돌아온 후 다윈은 런던의 학계에 명성을 날리게 되었다. 여행에서 수집했던 독특한 자료가 그에게 뒷받침이 되었던 것이다.

1) 생존을 둘러싼 투쟁

수집한 것들을 평가하는 것은 그가 여행하는 동안 가졌던 종의 불변에 대한 의혹을 강화시켰다. 1844년 그는 자신의 자연도태 이론에 대한 기본원칙을 공식화한다. 모든 생물은 몇몇 안 되는 원시존재(원시세포)로부터 유래한다. 생물의 변화(작고 큰 종의 돌연변이), 후손의 유전과 과잉생산을 통해서 환경에 가장 잘 적응하여 살아남는, 끊임없는 '생존에 대한 투쟁'이 존재한다. 살아남은 생물이 자신들의 특징을 그들의 후손들에게 유전시킨다. 환경에 적응하지 못한 생물은 그 이론에 따르면 사멸한다. 이러한 도태는 아주 엄청난 시간이 지나가는 과정에서 상이한 속과 종에게서 발생한다. 동시에 점점 더 고등으로 발달된 생물만이 살아남는다. 또한 인간도 이러한 자연진화의 산물이고 오늘날 살아 있는 동물들과 같은 뿌리를 가지고 있다.

정착된 생물학의 지식과 이론을 일치시키기 위한 다윈의 실험은 20년이 걸렸다. 1859년 그는 자신의 책을 공식적으로 선보였다.

독일의 아우구스티누스회 수도사의 수도원장이자 교사였던 그레고르 멘델(Gregor Mendel, 1822~1884)이 세대가 짧은 생물(완두)로 실험해서 정립한 유전에 대한 법칙으로 1865년 콩의 교배를 시도할 때 자신의 이름을 따라서 멘델의 법칙이라고 묘사했다. 이 법칙은 유전인자의 계속적인 전승에 관한 세 가지 기본규칙이다.

① 우열의 법칙
순종인 대립 형질(키가 큰 콩과 키가 작은 콩)끼리 교배시켰을 때, 잡종 1대에는 한 가지 형질(중간 크기가 아닌 키가 큰 형질)만 겉으로 보인다. 이때 잡종 1대에 나타나는 형질(키가 큰)을 우성, 나타나지 않는 형질(키가 작은)을 열성이라고 한다.

② 분리의 법칙
유전자가 각각 RRYY, rryy인 두 완두를 교배해서 나온 잡종 1대를 자가수분시켜 잡종 2대를 얻어냈을 때, 껍질 모양의 비율도 R : r = 3 : 1, 색깔의 비율도 Y : y = 3 : 1로 나오고, 이것은 한 가지 형질에 대해서만 실험했을 때 나오는 것과 같은 값이다. 이 결과는 껍질 모양과 색깔은 서로에게 영향을 주지 않는다는 사실을 말해준다.

③ 독립의 법칙
서로 다른 대립 형질은 각각 독립적으로 유전된다. 완두의 유전에서 껍질 모양(R, r)은 색깔(Y, y)을 결정하는 데에 영향을 주지 않고, 마찬가지로 색깔도 껍질 모양을 결정하는 데에 영향을 주지 않는다.
이 같은 그의 연구는 세기의 전환점까지 잊게 하였다. 사람들은 약 35년 후에 비로소 그가 유전학에 대해 얼마나 광범위하게 기여하고 인식을 세운지를 알게 되었다.

22. 페르디난드 카레(Ferdinand Carre)
— 얼음으로 차게 한 레몬 주스(1859)

얼음으로 차게 한 콜라, 신선한 과일, 맛있는 치즈 등은 우리의 일상에서 더 이상 특별한 것이 아니다.

얼음으로 차게 한 음료수

하지만 처음부터 그랬던 건 아니다. 지금의 우리에게는 당연하다고 생각되는 것이 19세기 초에는 그렇지 않았다.

냉기를 통해 식료품을 오래 유지하고자 하는 소원은 아주 오래 전부터였다. 수천 년에 걸쳐 인간들은 동굴과 같은 자연적인 냉각 오아시스를 이용하였으며, 차츰 아치와 창고 같은 곳을 사용하였다. 자연적인 수확의 사용 그리고 저장과 더불어 인간들은 아주 일찍이 얼음을 만들어내는 것을 시도했다.

중세에는 물과 질산염을 섞은 뒤 그 효과를 이용하기도 했다. 이 혼합물은 온도를 15℃ 내리는 역할을 했다. 그와 더불어 널리 자연스럽게 만들어지는 얼음을 깊은 냉각 구덩이에 보관하고 여름 내내 사용했다.

반쯤 얼고 차갑게 된 열매가 처음에는 고위층 미식가들의 미각을 만족시켰을 뿐이다. 왜냐하면 얼음이 비싸고 한정적이기 때문이었다. 얼음 창고나 얼음 구덩이에 저장된 것이 바닥을 보이면 프랑스의 왕들은 노르웨이의 피요르드 등지로부터 얼음을 조달하도록 했다.

카를 폰 린데(Carl von Linde, 1842~1934)는 1876년 압축(응축) 냉각기계를 발명했다. 린데의 기계로 작동되는 냉동 창고는 순식간에 확산되어 식료품을 더 오래 유지시켰다. 그리고 수요를 충당하기 위해서 결국 최초의 냉각배가 만들어지게 되었다. 그 배는 모든 세계의 신선한 고기를 유럽으로 가져왔다. 냉각기계가 발명되고 1년이 지난 후에 −30℃로 냉동된 쇠고기가 아르헨티나에서 프랑스로 수송되었다.

카를 폰 린데

1) 최초의 냉장고를 만들기 위한 긴 여정

18세기에 과학자들은 식료품을 오랜 기간 동안 유지하기 위한 방법을 찾았다. 1748년 의사 윌리엄 쿨렌(William Cullen, 1710~1790)은 증발한 액체(에테르)를 부분 진공상태에서 냉각시키는 것을 설명하였다. 물리학자 마이클 패러데이(Michael Faraday, 1791~1867)는 1823년에 염소로 시험관을 뜨겁게 하는 실험을 하다가 냉각작용을 발견하게 되었다. 40년 후에 페르디난드 카레(1824~1894?)와 그의 동생은 컨테이너를 차갑게 하는 것에 몰두하였다. 그들은 어떻게 작동시켜야 하는지에 골몰해 있었다. 온기와 독립된 컨테이너의 내부 기온은 외부의 주위 온도보다 더 낮아야만 순환 시스템이 생성된다. 내부에 있는 냉각제가 잉여의 온기를 흡수했다가 냉각되는 외부로 내보내고 다시 내부의 순환으로 옮겨진다는 것을 알고 있었다.

그래서 카레는 아주 많은 온기를 흡수할 수 있는 물체를 찾았다. 그리고 결국 암모니아를 사용하게 되었다. 1859년 그는 이러한 원칙에 따라 최초의 냉장고를 고안했다.

1862년 세계 전시회에 전시된 발명품은 무엇보다도 아메리카인들을 매혹시켰다. 그렇게 남부의 사람들은 미국의 시민전쟁 동안에 음식을 차게 유지하기 위해서 카레가 발명한 얼음 컨테이너를 이용했다. 적군이었던 북부연맹은 그들에게 얼음 공급을 차단할 수밖에 없었다.

20세기 초에 냉장고는 미국에서 돌파구를 찾게 되었다. 그곳의 일반 가정에서는 냉장고를 기본적으로 갖추게 되었다. 그와 반대로 유럽인들은 1950년대까지 기다려야만 했다.

23. 요한 필리프 라이스(Johann Philipp Reis)
― 장거리 음향 송신을 위한 기구(1860)

요한 필리프 라이스

현대사회에서의 전화는 커뮤니케이션을 위한 필수적인 수단이 되었다. 전화는 이미 1860년에 무엇보다도 군대에서 더 빠른 커뮤니케이션 수단에 대한 소망이 생기면서 발전이 시작되었다. 독일 헤센(Hessen) 주의 빵가게 아들 요한 필리프 라이스(1834~1874)가 발명한 것이 초창기에는 기계로 하는 놀이라고 비웃음을 당했다. 다시한 번 찾아오는 우연이 그의 발명에 결정적인 역할을 하게 되었다. 프리드리히스도르프(Friedrichsdorf)에서 수학과 물리 교사였던 라이스는 1860년에 아직 원시적이기는 하지만 세상에서 최초의 전화를 만들었다.

그것의 기초가 된 것은 목재로 된 귓바퀴의 모델이었다. 그는 물리 수업시간을 위해 '모든 종류의 음이 직류전기(갈바니 전기)를 통해서 임의의 거리에서 재생산될 수 있는' 귓바퀴의 모델을 개발했다. 그전에 획득한 직류전기의 영역에서 물리와 전기공학의 인식이 이러한 생각의 구조적인 전환을 가능하게 했다. 라이스는 귓바퀴에다 소시지 껍질을 붙여서 고정함으로써 귀의 고막을 모방한 모형을 만들었다. 그것의 진동은 부

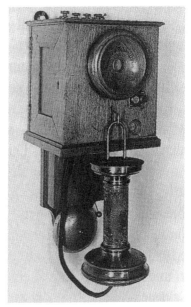

초창기의 전화기

드러운 백금 줄과 깃털로 감지할 수 있었다. 음파가 '고막'에 부딪히면 음파는 고막이 진동하도록 하며 진동은 규칙적으로 전기회로를 끊어지게 하였다. 그가 실험을 하는 과정에서 확인한 것은 복잡한 귀의 모델 대신에 진동판으로 팽팽하게 한 확성기를 발신기로 사용할 수 있다는 것이다. 수신기로는 핀 주위를 감고 있는 동선 코일을 사용하였다. 이것을 통해서 발신자에 의해 보내진 전류가 흐르게 되는데 부분적으로 끊기는 전류이다. 핀은 운동을 통해서 임펄스를 다시 음파로 바꾼다. 음의 강화를 위해서 라이스는 나무상자를 공명판으로 끼워 넣었다.

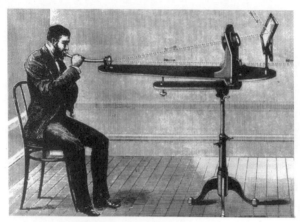

전화를 실험하는
알렉산더 그레이엄 벨

1) 말은 오이 샐러드를 먹지 않는다

1861년 10월 26일에 라이스는 '프랑크푸르트 물리학자연합' 의 회원들에게 자신의 발명을 소개하였다. 전화기에 대고 말한 첫 문장은 다음과 같았다. '말은 오이 샐러드를 먹지 않는다.' 그러나 다른 회로의 끝에서는 무슨 말을 하는지 거의 이해할 수 없었다. 라이스가 소개한 기구는 물론 음을 전류로 바꿔서 다른 곳에 울림(반향)으로 재현되는 것이다. 하지만 그것은 아직 인간의 언어를 이해할 수 있는 형태로 전달하는 것에 적합하지는 않았다.

이 아이디어는 16년이 지난 후에 알렉산더 그레이엄 벨(Alexander Graham Bell, 1847~1922)이 현실화하였다. 벨이 실제의 전화기 발명가는 아니지만 최초로 커뮤니케이션 수단으로써 그것의 경제적인 의미를 인식하였다. 1876년에 그는 전기의 파장을 만들어냄으로써 소리를 전달하는 기구를 미국에서 신고했다. 라이스의 모델과는 반대로 벨의 기구는 전류를 끊지 않고 진동의 주파수를 바꾼다. 언어를 더 잘 들을 수 있다는 장점이 있는 반면에 그것은 또한 결정적인 단점을 가지고 있었다. 그것의 수신 유효범위는 단지 75 미터였다. 그럼에도 불구하고 전화가 전 세계로 광범위하게 전파되는 것을 막을 수는 없었다.

24. 페르디난드 율리우스 콘(Ferdinand Julius Cohn)
— 박테리아 병원체(1872)

이미 17세기에 연구자들은 산발적으로 박테리아에 관심을 가졌지만 그들은 그 미세한 미생물이 병의 원인이라는 것을 인식하지 못했다. 병과 죽음에 대한 싸움을 삶의 과제로 삼은 화학자이자 물리학자 루이 파스퇴르(Louis Pasteur)가 그것을 인식하게 되었다. 박테리아(그리스어 bakterion=막대)는 현미경으로 볼 때 단세포 생물체가 아니며 규칙적

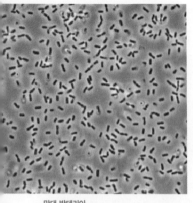
막대 박테리아

율리우스 콘

으로 세포분열을 통해 증가한다. 이미 BC 35년에 로마의 영주이자 정치가 가이우스 율리우스 카이사르(Gaius Julius Caesar, BC 100?~BC 44)가 제국사서로 임명한 테렌티우스 바로(Terentius Varro, BC 116~BC 27)는 그와 같이 병을 일으키는 생명체가 존재하고 말라리아를 유발시킨다고 추측했지만 파스퇴르가 최초로 그의 《병원체 이론》에서 이러한 추측의 근거를 마련하였다. 그는 박테리아를 병원체로 묘사했다. 병원체는 인간의 조직에 저항력을 형성하도록 하는 것으로써 세균학에 대한 결정적인 토대가 되었다. 의사들은 자신의 의료기구들을 살균하기 시작했고, 그때까지 병원에 결핍되어 있던 위생상태가 결정적으로 개선되었다. 그리고 곧 무균이 표준이 되었다.

1) 미생물의 흔적을 찾아서

독일의 생물학자 페르디난드 율리우스 콘(Ferdinand Julius Cohn, 1828~1898)은 〈살아 있는 가장 작은 존재 박테리아에 관해서 *Ueber Baketerien, die kleinsten lebenden Wesen*〉라는 자신의 과학 논문에

서 미생물의 분류를 시작했다. 아울러 최초로 세균학적 순수 배양의 생산도 서술되었다. 그가 제자들과 함께 이룬 업적이었다. 그 이후 콘은 세균학의 분야에서 절대적인 권위를 가지게 되었다.

로베르트 코흐

1876년에 시골의사였던 로베르트 코흐(Robert Koch, 1843~1910)는 잠자리에서 일어나 콘에게 편지를 썼다.

'존경하는 교수님! 당신의 식물생물학에 대한 논문에서 발표한 작업에 자극을 받아 오랜 시간 동안 비탈저 병원체의 실험에 몰두하고 있습니다. 마침내 수많은 탄저균(Bacillus anthracis, 바실루스 안스라시스)의 발전과정을 발견하는 데에 성공했습니다. 하지만 제가 그 성과로 공식석상에 나가기 전에 박테리아의 최고 전문가이신 존경하는 교수님께 진심을 다하여 조사결과에 관한 판단을 내려주실 것을 부탁드립니다……'

콘은 그 시골의사의 연구에 감탄하여 그를 지지했다. 1905년 로베르트 코흐는 노벨 의학·생리학상을 수상하였다.

1) 악의 균을 발견하다 ─ 결핵과 콜레라의 원인균

코흐는 액체가 아니라 젤라틴 위의 고체배양소 위에 박테리아를 배양하는 것을 배우고 새로운 채색과 정착의 방법을 개발했다. 이러한 기술적인 개선으로 인해 그는 1879년에 마침내 창상감염의 병원체를 입증하게

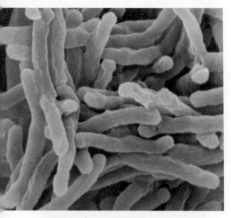

결핵균

알렉산더 폰 훔볼트

되었다. 1882년 코흐는 결핵균을 발견하였다. 그리고 1883년에 이집트와 인도로의 여행길에서 우연히 콜레라균을 발견하게 된다.

그것을 통해 실제로 알렉산더 폰 훔볼트(Alexander von Humboldt, 1769~1859)처럼 발견자이자 세계여행자가 되고자 했던 코흐는 의학세균학의 주요 창시자가 된다. 다른 독일의사들 못지않게 그는 현대의학에 영향을 미쳤으며 처음으로 효력이 있는 예방과 치료방법이 발전되었다. 하지만 자신의 후원자 율리우스 콘이 없었다면 코흐는 이러한 성공 스토리를 결코 쓸 수 없었을 것이다.

> ! 바이러스학

박테리아의 발견은 의학사에서 이정표이다. 하지만 광견병의 원인균과 같은 몇몇 미생물들은 19세기 말에도 여전히 알려지지 않았다.
1898년 네덜란드의 마르티누스 빌렘 바이예린크(Martinus Willem Beijerinck,

1851~1901)는 러시아의 식물학자 디미트리 로시포비치 이바노프스키(Dimitri Losifovich Ivanowsky, 1864~1929)와 함께 실질적으로 거의 같은 시기에 바이러스를 발견했다. 바이예린크는 이 미세한 병원체에 '여과될 수 있는 바이러스'라는 이름을 부여하고 그것으로 바이러스학이 창시되었다. 이어서 빠르게 연구자들은 동물에게서 구내암과 부제증의 병원체를 발견하고 황열병, 소아마비, 홍역, 유행성 이하선염(볼거리), 수두풍진과 유행성 감기를 바이러스에 의한 비루스 감염으로 분류하였다.

마르티누스 빌렘 바이예린크

25. 니콜라우스 아우구스트 오토
(Nikolaus August Otto)
— 엔진을 켜다(1876)

증기기계는 비용이 비싸고, 정비도 어려우며 사용하는 데에도 소모적이라서 대규모 산업체에서나 사용할 수 있었다. 하지만 수요의 증가로 중소기업을 위해 적합하고 무엇보다도 조달하기 쉬운 동력기를 찾는 소리가 점점 더 커졌다. 그리하여 1850년대에 실린더에 도시가스를 태우는 기계를 만들려는 노력들이 강화되었다.

하지만 장 에티엔 르누아르(Jean Etienne Lenoir, 1822~1900)의 시도가 있기까지는 모든 노력이 성과를 거두지 못했다. 파리에서 웨이터로 일하던 르누아르는 무슨 일이든 몰두하는 사람이었다. 1860년에 그는 누워 있는 증기기관과 비슷한 가스모터를 만들었다. 지금까지의 증기기계가 너무 융통성이 없고 너무 크다고 여기는 작은 기업들이 사용할 수 있는

오토

장 에티엔 르누아르

제대로 된 복합기계를 만든 것이었다. 이 기계는 도시가스와 공기의 혼합으로 작동되었다. 기계의 성능은 처음에는 0.4 킬로와트, 나중에는 2.2 킬로와트까지에 이르렀다. 르누아르의 모터는 1860년에 특허를 받게 되며 실습에서 수많은 견본을 거쳐 실행되었다.

르누아르는 니콜라우스 아우구스트 오 토 (Nikolaus August Otto, 1832~1891)의 획기적인 발명인 4행정 가솔린엔진을 위해 새 길을 열어 준 것이다. 하지만 기계제작자이며 기업가인 오토는 자신의 4행정 가솔린엔진을 현실화하기 전에 소위 말하는 대기의 비행 피스톤엔진을 제작하였다. 그것은 가스와 공기 혼합의 압축 없이 작동하는 것이었다. 그 엔진은 1867년 파리의 세계 전시회에서 소개되었다. 엄청난 소음을 내며 작동되었음에도 불구하고 금메달을 받았다. 비행 피스톤엔진에 대한 엄청난 수요와 함께 1872년에 가스모터 공장 도이츠회사(Deutz AG)가 설립되었다. 하지만 곧 판매에 문제가 생겼다. 수공업과 소규모 산업체들이 더 높은 성능을 가진 기계를 원했기 때문이었다.

장 에티엔 르누아르의 증기기관

고트프리트 다임러(좌)
초창기의 벤츠 자동차(우)

기술자 고트프리트 다임러(Gottfried Daimler, 1834~1900)는 오토의 발명에 매혹되어 그것의 엔진을 계속 발전시켜서 대량생산을 시작하였다. 1883년 그는 가벼운 1기통 엔진에 대해 특허를 받았다. 처음에는 두 발 자전거, 그 다음에는 보트, 그리고 마침내 마차에 그 엔진을 장착하도록 했다. 그것으로 그는 카를 벤츠(Carl Benz, 1844~1929)와 동시대에 자동차를 발명했다.

1) 오토의 최고 아이디어—4행정 가솔린엔진

오토는 끊임없이 발전에 대해 고민했다. 그리고 그의 실험은 성공적이었다. 1876년 그 당시의 표현으로 그의 '새로운 엔진'이 가동되었다. 엔진 공학에 초석을 다지고 소위 말하는 '선구자' 시대의 막을 내리게 되었다. 그의 획기적인 발명은 연료·공기·혼합의 응축이었다. 이것은 오늘날까지도 기본적으로 사용되는 것으로써 대부분 엔진의 경우에는 이러한 과정이 4행정으로 작동된다. 그것은 피스톤 4번의 왕복운동에 해당하며 짧게 흡입, 압축, 점화 그리고 방출로 특징지을 수 있다. 오토의 4행정 가솔린엔진은 짧은 시간 내에 대량생산을 가능케 했으며, 기술적 완성도를 위해 계속 발전되었다. 그리고 1876년 약 2 킬로와트(3PS)의 성능으로 선보인 다음, 그 다음 해에는 약 3.5 킬로와트(5PS)로 성능이 상승되었다. 마침내 기업과 소규모 산업체는 오랫동안 갈망했던 경제적으로 작동하고 조달할 수 있는 동력기를 사용할 수 있게 되었던 것이다.

26. 토머스 앨버 에디슨(Thomas Alva Edison)
— 축음기(1877)

다재다능한 에디슨은 호기심이 왕성하였다. 그 결과 약 1,300개의 특허권을 가지고 있는, 가장 성공한 발명가가 될 수 있었다. 그의 유명한 창조물들 중에서도 레코드플레이어(전축)의 전신인 축음기가 가장 으뜸으로 꼽힌다. 마법의 손처럼 음이 녹음되고 또한 재생되는 덕분에 엄청나게 판매된 제품이다.

1) 접시닦이에서 백만장자가 되기까지

미국의 토머스 앨버 에디슨 (1847~1931)은 어렸을 때 몇 달 학교에 다닌 것이 학력의 전부라고 한다. 열두 살부터 철도에서 신문과 과자를 파는 점원으로 일했다. 그러다가 1862년부터는 화물차에서 자신이 발행한 주간신문 「Grand Trunk Herald」를 인쇄하였다. 또 그는 전보 치는 것을 배워 그 이후에 수년 동안 우체국에서 일하기도 했다. 그러면서 틈틈이 자신의 열정을 위해 몰두했

토머스 앨버 에디슨

다. 뭔가를 발명하고 이미 존재하는 것은 더 발전시키는 일이었다. 그의 삶의 입지는 다음과 같았다. '나는 해면이다. 왜냐하면 난 아이디어를 흡수하고 그것들을 편리하게 변화시킨다. 나의 대부분의 아이디어들은 원래의 그것을 계속 발전시키기 위해서 노력하지 않았던 다른 사람들의 것이다.'

1877년 사람들은 이미 음파가 어떻게 송신되고 수신되는지를 알고 있었다. 또한 음을 녹음하는 기구도 알려져 있었다. 두 가지를 서로 결합하는 것보다 더 이상적인 것은 없을 것이라고 생각한 에디슨은 작업에 착수하였다. 그리고 인간의 언어를 보존하고 재생할 수 있는 최초의

기구를 특허청에 신고하였다. 그것은 전기 없이 작동하는 완전한 기계였다. 그는 그것을 축음기라고 했다. '메리에게 작은 양 한 마리가 있다네(Mary has a little lamb.)'라는 동요의 시작이 그 축음기에 최초로 녹음된 악곡이었다. 새로운 '말하는 기계'의 돌풍은 미국과 유럽에서 들불처럼 확산되었다.

❗ 에디슨의 3대 발명품

토머스 앨버 에디슨의 중요한 발명들은 계속 줄을 이었다.

1879년 그는 공식적으로 40시간 이상 더 많은 빛을 내는 탄소선 전구를 소개했다. 이어서 1880년에 그는 축음기를 세상에 소개했다. 축음기는 그전에 많은 사람들의 노력이 있었지만 최초로 실용화한 사람은 에디슨이다. 에디슨이 처음으로 만든 축음기는 틴포일(Tin Foil)이라고 불렸는데 이는 주석박을 원통형에 말아서 소리를 재생시켰다고 해서 붙여진 이름이다.

1891년에는 영화 촬영용 카메라의 전신을 선보였다. 그리고 마침내 1912년 영화 촬영용 카메라와 축음기가 결합하여 초기의 유성영화를 가능하게 했다. 에디슨은 타자기를 개선하고, 구술용 녹음기를 발전시키고, 전화도 뭔가 개선할 수 있는 점이 없을까 하여 살펴보았다. 1910년에는 심지어 콘크리트 주조방식을 소개하기도 하는 등 그의 발명 정신은 끝이 없었다.

2) 기적의 작품 ─ 말하는 기계

전축의 전신은 어떻게 작동했을까? 축음기의 깔때기 모양 나팔은 핀이 고정되어 있는 녹음 진통판의 반대방향으로 소리를 유도한다. 나팔의 끝은 크랭크로 작동되는 알루미늄박으로 감아 맨 구리통을 누른다. 음파가 진동판을 진동으로 전환할 때 핀은 그 진동에 따라서 서로 다른 깊은 트랙을 남긴다. 통을 돌리면 핀은 녹음된 가느다란 홈(줄)에서 움직이고 녹음 때처럼 진동판을 똑같은 진동으로 전환한다. 그 다음 확성기를 통해서 음을 들을 수 있다.

에디슨은 자신의 축음기에 만족하지 못했다. 그래서 발명에 계속 몰두하여 여러 가지 실험을 했다. 그러는 사이에 이 말하는 기계는 녹음과 연주를 위해 각각 두 개의 진동판과 두 개의 바늘을 가지게 되었으며, 1878년 에디슨은 판매를 위해 '에디슨 스피킹 포노그래피 회사(Edison Speaking Phonography Company)'를 건립하였다. 19세기 말에 이미 이 회사는 연매출 25만 달러의 기록을 세웠다.

27. 루이 파스퇴르(Louis Pasteur)
─ 림프액을 개발하다(1879)

티푸스, 디프테리아, 콜레라, 광견병이나 결핵과 같은 감염은 19세기 중반 의학 분야에서 엄청난 노력을 기울였음에도 불구하고 여전히 수많은 희생자가 줄을 이었다. 의사들은 이러한 질병을 치료할 방법을 알지 못했다. 박테리아가 병원체의 형태로 발견되고 나서야 비로소 예방하는 림프(lymph)액이 개발되었다.

루이 파스퇴르

1) 몸에 적합한 저항력을 트레이닝 하다

병을 일으키는 병원체를 투여함으로써 저항력을 위한 면역체계를 트레이닝하려는 생각을 한 것은 겨우 200년 전이었다. 1796년 영국의 의사 에드워드 제너(Edward Jenner, 1749~1823)가 우두에 의해 생긴 농진으로 된 물질을 천연두 예방주사를 위해 투여하였다. 그 이후로 전염병은 거의 근절되었다. 물론 제너는 병의 진짜 원인이었던 병원체를 알지 못했다. 1850년에 동물의 피에서 탄저균이 발견됨으로써 비로소 이러한 상황은 변했다. 1870년대와 1880년대에는 나병, 말라리아, 결핵, 콜레라, 디프테리아, 파상풍, 매독의 병원체가 빠르게 이어서 발견되었다.

！ 파스퇴르법(저온 살균법)

루이 파스퇴르는 식료품을 짧은 시간 동안 데워 상하지 않게 하고 병균으로부터 자유로워지는 방법을 개발했다. 그 기술은 부작용 없이 간단하고, 저렴하며, 게다가 효과가 뛰어났다. 그가 살아 있을 때 이 기술은 이미 '파스퇴르법'이라는 이름을 얻었다. 19세기의 다른 어떤 기술방식도 이것처럼 변하지 않고 오늘날까지 적용되는 것은 거의 없을 것이다.
파스퇴르법(저온살균법)의 경우 우유는 15초에서 30초 동안 72℃~75℃로 데워져서 즉시 다시 냉각된다. 그렇게 되면 우유의 균은 거의 살균되면서도 영양가는 거의 파괴되지 않는다. 게다가 저온살균된 우유는 덜 상하고 '소에서 직접 짠' 생우유보다 건강에 더 좋게 된다. 수십 년 전부터 이미 파스퇴르의 열처리가 적용되었기 때문에 예전에 많은 사람들이 우유를 마시고 병에 걸린 사실을 차츰 잊게 되었다. 생우유는 수많은 감염체를 함유할 수 있으며, 종종 결핵과 티푸스의 원인이 되기도 했었다.

2) 건강을 위해 헌신

세균학의 영역에서 중요한 선각자는 화학자이자 물리학자인 루이 파스퇴르이다. 그는 병과 죽음에 맞서 싸우는 것을 삶의 과제로 삼았다. 미생물체에 대한 그의 관심은 발효작업에 몰두하다 보니 생긴 것이었다. 파스퇴르는 처음으로 미생물체가 부패와 발효 과정에 관여한다고 제시하였다. 자신의 관찰에 의해 내열성이 없는 박테리아를 죽이기 위해서 식료품에 열을 가하는 아이디어를 내놓았다. 이러한 방식은 식료품이 덜 상하게 하는 작용을 했다.

1877년에 비로소 파스퇴르는 인간의 병에 대한 조사를 확대하면서 직접적으로 원인이 되는 병원체와의 싸움을 목적으로 하였다. 수많은 병이 박테리아를 통해 나타난다는 확신을 가지고 그는 약해진 병원균으로 면역화 하는 것을 새로이 발견하고 조류독감, 비탈저 그리고 무엇보다 광견병에 대한 예방백신을 개발하였다.

1881년 그는 이러한 목적을 위해 양을 대상으로 실험을 감행했다. 실험용 양들 중 몇 마리에게 약한 비탈저 박테리아를 접종했다. 그리고 나머지는 그대로 두었다. 얼마 후에 모든 양들이 치명적인 비탈저 병원균에 노출되었다. 접종을 받은 양들은 아무런 해 없이 병을 극복한 반면에 그렇지 않은 다른 양들은 모두 죽었다. 파스퇴르는 비슷한 방식을 조류독감과 광견병에도 적용하였다. 예방접종의 원칙은 1890년대에 디프테리아, 하복부 티푸스 그리고 콜레라에까지 확장되었다.

최초로 통계상 검증된 무균방법(환자의 병원균으로부터 멀리함.—역자 주)의 발견은 이그나스 필리프 폰 제멜바이스(Ignaz Phillip von Semmelweiss, 1818~1865)의 공이 컸다. 그는 치명적인 산욕열의 경우 조산원이 비눗물과 염화석회로 손을 깨끗이 씻기만 해도 문제없다는 것을 인식하게 되었다. 이러한 방침에 따라 얼마 지나지 않아 의료기구와 붕대를 똑같이 무균처리하게 되었다. 그 후 '산모의 구원자' 제멜바이스는 1851년 빈에 있는 자신이 근무하던 산모병동에서의 사망률을 1.2% 낮추게 되었다. 1867년 외과의사 조지프 리스터(Josep Lister, 1827~1912)가 무균에 대한 계속적인 개발에 기여하였다. 그는 수술 상처와 접촉하는 공기를 수술하는 동안에 페놀(석탄산)로 마비시켜 박테리아를 죽이는 방법을 생각해냈다. 이 방법은 전 세계로 전파되었다. 한 시골의 의사 로버트 코흐(Robert Koch, 1843~1910)는 20세기 초반에 미생물에 관해 연구하는 동안 증기로 하는 살균방법을 근본적으로 발전시켰다.

3) 무균의 도입

파스퇴르의 기본적인 발견을 통해서 독일의 식물학자 페르디난드 율리우스 콘(Ferdinand Julius Cohn, 1828~1898)은 1872년 세균학의 기초를 세웠다. 그리고 예방접종 분야의 계속적인 발전이 이어졌다. 파스퇴

파스퇴르 연구소 전경

르의 병원체 이론에 따르면 병을 일으키는 미생물이 아픈 사람을 통해 건강한 사람들에게 전달되는데, 의사가 그 전달자가 되어 널리 확산되는 결과를 초래한다는 것이었다. 19세기 중반까지도 여전히 병원에서의 위생 상태가 높은 사망률의 원인이 되었다. 반면에 이러한 상황이 1870년대에는 무균의 도입으로 환자들의 안녕을 위해 지속적으로 변하게 되었다.

파스퇴르는 생전에 이미 민족영웅으로 불렸고, 내국과 외국의 수많은 표창을 받았다. 프랑스는 그에게 종신연금으로 감사의 표시를 했을 뿐만 아니라 그를 위해 파스퇴르 연구소를 세워 주었다. 파스퇴르는 그 연구소에서 세상을 떠날 때까지 감독직을 맡아서 운영했다.

28. 에밀 베를리너(Emil Berliner)
— 세상에 음악을 선물하다(1887)

19세기 후반에 비로소 발명가 에디슨의 축음기로 인간의 음성을 지속적으로 녹음하는 것이 가능해졌다. 사람들은 이 발명을 열광적으로 수용하였으며 시장이나 상가 같은 곳에서 이것을 발견하고 놀라움을 금치 못하고 쳐다보았다. 다른 연구자들은 축음기의 기본 아이디어를 계속 발전시켰다. 1887년 미국으로 이주한 회계인 에밀

에밀 베를리너

에밀 베를리너가 만든 그라마폰

베를리너(1851~1929)는 마침내 그의 그라마폰을 특허 신청했다. 그라마폰은 축음기의 원칙에 근거를 둔 것이다. 에디슨의 기구와는 반대로 그라마폰의 바늘은 수직이 아니라 수평으로 움직이고, 바늘은 왼쪽 또는 오른쪽으로 수평의 흔적을 남기며 움직였다. 기통의 다양함이 불가능하기 때문에 베를리너는 왁스를 칠한 아연으로 구성된 원판(음반)을 개발했다. 원판은 12 센티미터의 지름을 가지고 분당 150번의 회전으로 작동했다. 이러한 원초적 원판으로부터 어마어마한 압축박지를 만들어냈는데 이것이 최초의 음반이다.

1) 아연판에서 셸락(shellac)판까지

녹음과 이어지는 재생방식은 아주 단순하게 작동했다. 우선 아연판을 벤진 냄새가 지독하게 나는 액체에 담근다. 그 다음에는 얇은 왁스를 바른다. 녹음을 할 때에는 금속이 보일 때까지 왁스를 자른다. 이어서 금속판을 크롬산 욕조에 담근다. 그 후 음향선이 아연에 부식된다.

'오리지널 베를리너 축음기'는 1888년 5월에 최초로 필라델피아에서 공식적으로 소개되고 그 다음 해에는 발터하우젠과 튀링겐의 캠퍼와 라인하르트 회사(원래는 인형공장)가 공급했다. 모든 기기에는 여섯 장의 음반이 포함되었다. 한 면에는 녹음된 음악이 있고, 다른 면에는 그에 맞는 동요 텍스트가 있다.

엔리코 카루소

그 당시의 히트 퍼레이드 가수로는 엔리코 카루소(Enrico Caruso, 1873~1921)를 들 수 있다. 1897년 셸락판의 투입으로 음반의 대량 생산이 가능해졌다. 이 판은 분당 78번의 회전으로 수년 동안 음반 산업을 지배했다. 최초의 셸락판으로 베를리너의 축음기 확성기에서 나온 음악은 '반짝반짝 작은 별(Twinkle, twinkle, little star)'이었으며, 그것은 그 당시에 손으로 돌리는 핸들에 의해 작동되었다.

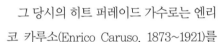

? 알고 넘어가기

1904년 베를린의 한 회사가 양면으로 연주할 수 있는 판을 발명했다. 그리고 판형도 변했다. 25 센티미터와 30 센티미터의 지름으로 된 음반이 제작되었다. 한 곡의 연주가 5분 30초로, 최초의 녹음 스튜디오가 생긴 것이다.

29. 오귀스트 뤼미에르 (Auguste Lumiere) & 루이 뤼미에르 (Louis Lumiere)

— 영화의 세계(1895)

뤼미에르 형제

현실을 재생산하고 '살아 있는' 그림들의 환상을 만들려는 인간의 소망은 석기시대 벽화를 그릴 때부터 전체 문화사에 걸쳐서 이어졌다. 1893년부터 유명한 천재 발명가 토머스 에디슨(1847~1931)의 키네토스코프(Kinetoscope, 영화 필름 영사기의 전신.—역자 주)는 루이 뤼미에르(1864~1948)와 오귀스트 뤼미에르(1862~1954) 형제를 매혹시켰다. 그들은 카메라 옵스쿠라(cameraobscura, 라틴어로 어두운 방이라는 뜻이다. 이것은 어두운 방의 지붕이나 벽 등에 작은 구멍을 뚫고 그 반대쪽의 하얀 벽이나 막에 옥외의 실상(實像)을 거꾸로 찍어내는 장치이다.—역자 주)를 계속 개발했다. 그것은 연말 장터의 들뜬 사람들의 기분을 북돋우는 데 최고였다.

이들 형제는 무엇보다도 한 사람의 관객만이 볼 수 있는 작은 그림 문제에 고민했다.

키네토스코프는 하나의 렌즈로 설치되며 그것을 통해서 사람들은 동

뤼미에르 형제의 영사기

전 한 닢을 투입한 후에 손으로, 나중에는 전기로 작동하는 초당 약 40장의 그림이 있는 영화를 볼 수 있었다. 영화태(판)로는 셀룰로이드 필름이 사용되었다. 1.5쫄(2.3~3 센티미터의 길이에 해당하는 옛날의 길이 단위.—역자 주) 너비의 필름은 모든 화면 측면의 가장자리에 필름을 감기 위해 내놓은 두 개의 구멍이 각각 존재했다. 이 필름은 오늘날에도 사용되었던 35 밀리 판형의 기초가 되었다. 뤼미에르 형제는 넘치는 자신감으로 영사기 위의 필름을 스크린에 투사하고자 했다. 그리하여 더 많은 관객들에게 다가가고자 했다. 그리고 곧 이 생각을 실현하게 되었다.

1895년 3월 22일에 뤼미에르 형제는 그들의 키네토스코프 영사기(Kine toscope de projection)를 파리에 있는 국가산업진흥회에 소개하였다. 참석한 전문가들은 새로운 기구에 대해 깊은 인상을 받았지만 흐릿한 화면이 결점으로 남았다. 뤼미에르 형제는 '뤼미에르의 시네마토그래프(Cinematographe Lumiere)'라고 칭한 그들의 발명을 좀 더 개선해서 공식적으로 상연될 수 있도록 노력을 기울였다.

1) 대목장터에서 영화관의 홀까지

1895년 12월 28일에 준비가 완료되었다. 최초의 영화가 입장료를 받고 파리에 있는 '그랑 카페(Grand Cafe)'의 살롱에서 선보였던 것이다. 영화 탄생의 순간이었다. 직접 상영된 이 단편영화에서는 노동자들이 공장에서 퇴근하는 모습을 그린 내용이었다. 이어서 뤼미에르 형제는 계속적으로 현실(리얼)에 방향을 둔 단편들을 성공적으로 제작하였다. 그 단편들에는 다양한 일상에서의 실례를 들어서 운동의 현상을 표명하고자 하였다. 부딪쳐 부서지는 파도의 영상을 녹화하고, 잔디에 물을 주는 정원사에 관한 영상도 있었다. 그중에서 가장 효과적인 작업의 하나로는 우편마차가 관객들에게로 달려오는 듯한 장면이었다. 관객들은 불안해하며 움찔하여 뒤로 물러서곤 했다.

1896년 4월에 뤼미에르 형제는 베를린에 체류했다. 그곳에서도 그들의 영화는 파리에서처럼 열광적인 호응을 얻었다. 20세기 초에 미래를 위한 거대한 진보가 진행되었던 것이다.

1914년에 독일에서는 이미 2,900개의 영화관이 존재하였으며 미국에서는 심지어 15,700개가 존재하였다. 1910년에 거대한 무성영화의 시대가 시작되었던 것이다.

조르주 멜리에스(좌)
〈달나라 여행〉의 한 장면(우)

마술사 조르주 멜리에스(Georges Melies, 1861~1938)는 촬영기로 최초로 영화의
운명적 순간을 만들었다. 그는 한 가지 카메라의 허점을 이용하여 트릭(특수) 사진의
가능성을 발견하였다. 마술사로서 자신의 예술에 이러한 가능성을 상기시키고 그 이
후로 유머가 가득한 환타지 영화를 만들었다. 그가 사용한 수많은 트릭은 여전히 오늘
날에도 전문가들을 놀라게 한다. 무엇보다도 1902년의 〈달나라 여행(Le Voyage
dans la lune)〉이 가장 유명하다. 그 영화에서 그는 성난 달의 얼굴 위 눈 바로 중앙
에 로켓이 착륙하도록 했다.

30. 마리 퀴리(Marie Curie) & 피에르 퀴리(Pierre Curie)
— 방사선을 발견하다(1898)

폴란드 출신의 마리 퀴리(1867~1934) 이전에 물리와 화학의 역사나
유사한 자연과학과 의학에 영향을 끼친 다른 여성은 없었다. 그녀는 프
랑스 출신 파리의 소르본 대학 물리학 교수인 남편 피에르(1859~1906)
와 함께 방사능 원소 라듐과 폴로늄을 발견했다.

마리 퀴리와 남편 피에르 퀴리

　마리아 스클로도브스카(Maria Sklodowska)라는 이름을 가진 마리 퀴리는 1891년 소르본 대학에서 물리학을 공부하기 위해서 파리로 왔다. 방사선학에 열광한 이 학자는 그곳에서 훗날 남편이 될 피에르를 알게 되었다.

　앙리 앙투안 베크렐(Henri Antoine Becquerel, 1852~1908)이 1896년 2월 24일에 처음으로 보고한 우라늄에서 자연적인 방사능선의 발견에 대해 열광한 부부는 오늘날에는 상상도 할 수 없는 단순한 조건하에서 그때까지 완전히 알려지지 않은 방사능선을 연구하였다. 방사능

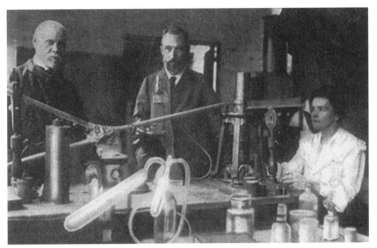

실험 중인 퀴리 부부와 남편 피에르의 조수

(Radioactivity)은 자발적으로 시간에 구애받지 않고 다른 원자의 핵에 다 방사선을 방출하여 변화하는 일정한 원자핵의 특징이다.

두 사람은 우라늄 함유의 광석으로 실험에 열중하였다. 나중에 우라늄과 라듐 획득을 위해 사용될 수 있는 미네랄 피치블렌드에 공을 들여 실험하고 수많은 실패를 겪은 후에 그들은 폴로늄을 발견하였고, 뒤이어 1898년 12월 26일에 방사능 원소 라듐을 발견하였다.

마리 퀴리는 그녀의 고향 폴란드의 이름을 따서 폴로늄이라 불렀으며, '방사능'이라는 개념은 그녀의 환타지에서 유래한 것이다.

1898년 말에 이 부부는 〈피치블렌드에 함유된 새로운 방사능 물질에 관해서〉라는 논문으로 기본적인 과학적 결과물을 입증하였다. 본래 물질의 화학적이고 물리적인 상태를 통해서가 아니라 원자의 내부에서 일어나는 진행과정에 의해 방사선이 생성되었다.

1903년에 마리 퀴리와 그녀의 남편은 앙리 앙투안 베크렐과 함께 노벨 물리학상을 받았다. 자신의 이름을 따서 부르는 베크렐선(방사선)의 발견은 방사능 연구에 새 길을 열어 주었다.

1911년에 마리 퀴리는 라듐에 대한 그녀의 연구에 대해 최초로 두 번째 노벨상인 화학상도 받게 되었다. 그러나 1934년 방사선에 의한 혈액 구성의 변화로 백혈병에 걸려 죽었다.

? 알고 넘어가기

마리 퀴리는 처음에는 남편과 함께, 나중에는 혼자서 체계적으로 방사능선의 물리적 · 화학적 그리고 생물학적 특성을 연구하고 그것으로 방사능화학과 의학진단학과 치료법의 연구에 방사능 원료의 투입에 대한 기초를 세웠다.

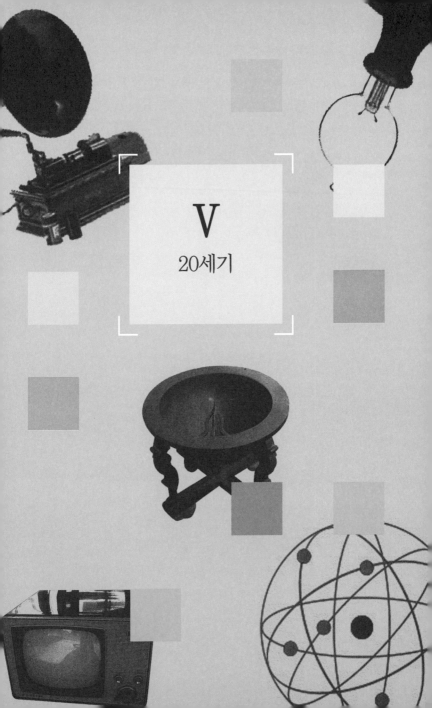

V
20세기

인류의 역사에서 20세기처럼 빠른 속도로 많은 변화를 겪은 시기는 없었다. 의학에서 가장 인상 깊은 진보는 엄청난 전염병을 광범위하게 감소시켰고, 기술적인 업적은 생활환경을 여러 곳에서 개선시켰다. 우리는 먼 우주를 볼 수 있으며, 우리 몸의 기능에 맞는 건강한 영양의 작용에 대해 알게 되었다.

20세기의 과학

1. 페르디난드 폰 체펠린(Ferdinand von Zeppelin)

— 하늘을 나는 거대한 물건(비행선, 1900)

인간의 가장 오래된 소망의 하나는 땅을 벗어나서 새처럼 공중으로 나는 것이었다. 이미 고대의 전설에 따르면 이카루스는 크레타에 있는 감옥으로부터 도망가기 위해서 왁스와 새의 깃털로 직접 만든 날개를 붙였다고 한다. 하지만 그가 태양 가까이게 다가갔을 때 왁스가 녹아 추락하였다.

프랑스 리옹(Lyon) 근처 출신인 몽골피에(Montgolfier) 형제 미셀 조제프(Michel Joseph, 1740~1810)와 에티엔 작크(Etienne Jacques, 1745~1799)는 1783년에 오랜 시간 동안 날고 공중에 떠서 움직이는 것

미셸 조제프 형제

을 성공한 최초의 사람들이었다. 그들은 최초의 항공기인 종이로 된 열기구를 만들고 땅에서 떠올랐다. 독일의 오토 폰 릴리엔탈 (1848~1896)은 베를린과 브란덴부르크에서 활공기가 있는 진지한 비행시도를 감행하였다. 그는 자신의 비행기로 주목할 만한 활공을 성공하였다. 항공발전에 관한 그의 업적은 무엇보다도 항공기의 조종에 대한 연구이다.

벤진 엔진의 지원으로 20세기 초에 미국의 라이트 형제 오르빌 (Orville, 1871~1948)과 윌버 (Wilbur, 1867~1912)는 릴리엔탈 항공기를 계속 발전시켜 작동되게 하였다. 그리하여 엔진은 좀 더 오랫동안 비행할 수 있는 부품이 되었다.

1) 항공운송에 대한 새로운 관점

민간항공 부분에서 빠른 발전

라이트 형제

이 이어졌다. 그러한 발전의 선구자들 중 한 사람인 페르디난드 폰 체펠린 백작(1838~1917)은 견고하고 빠르고 잘 조종할 수 있는 비행선에 대한 비전을 가지고 있었다. 그 이전에 이미 프랑스의 연구가들이 비행선을 조종하고 대기에서 멈추는 것을 시도하지만 별다른 성공을 거두지 못했다. 장교 출신의 체펠린은 기술자 테오도어 코버(Theodor Kober, 1865~1930)와 함께 공동으로 완고한 비

몽골피에 형제의 열기구

행선을 개발하였다. 가벼운 알루미늄 테두리에 승객과 승무원을 위한 기구를 고정시킬 수 있게 했다. 최초의 비행선은 128 미터 길이에 12 미터의 지름을 가지고 있었다. 1990년 1월 2일에 그것의 첫 비행은 시속 32 킬로미터로 보덴제(Bodensee) 위를 난 것이다.

이 거대한 물건은 주목을 받게 되었다. 얼마 되지 않아 체펠린은 자신의 재단을 설립하였는데 후에 '루프트쉬프바우 체펠린 주식회사(Luftschiffbau Zeppelin GmbH, 비행선 엔진 제작업체)'가 된다. 1910년 그는 여객수송을 함께 하는 상업적인 항공운송을 시작하였다. 규칙적인 대서양 비행은 물론 1937년에 급작스럽게 중단되었다. 뉴욕 근처에서

힌덴부르크 호의
폭발 순간

'힌덴부르크 LZ 129' 호가 화염 속에 폭발하여 36명을 죽음으로 몰았을 때였다.

그 이후에 프로펠러기가 하늘을 정복하였다. 제트 추진의 발명으로 항공 운송은 더 빨라지고 1970년대에는 대부분 비행기를 타고 여행할 수 있게 되었다.

! 세계여행

LZ 126이 첫 비행 후 25년이 지난 후에 최초의 대서양 횡단에 성공했을 때 체펠린은 새로운 교통수단이 되었다. 1928년 7월 8일에 프리드리히스하펜(Friedrichshafen)에서 후속 모델 LZ 127이 '체펠린 백작'이라는 이름을 얻게 되었다. 236 미터 길이의 외피에 112,000 제곱미터 가스를 채운 뒤 1929년 LZ 127은 세계여행을 위해 출발하였다. 레이크허스트(Lakehurst)에서 출발해서 동쪽으로 여행이 진행되었다. 55시간 뒤에 프리드리히스하펜에 도착했고, 계속되는 100시간 뒤에 도쿄에 정착하였다. 다시 레이크허스트에서 끝나는 세계여행은 21일 5시간 31분이 걸렸다.

2. 카를 란트슈타이너(Karl Landsteiner)
— 혈액형 발견(1900)

20세기의 시작과 더불어 혈청의 변화로 병의 진단법을 다루는 의학영역 혈청학은 예상하지 못한 수확을 거두었다. 그것은 병에 관한 것이 아니라 혈액의 개인적인 차이에 관한 것이었다.

의학의 역사에서 매번 의료인들은 수혈을 하려고 했다. 무엇보다도 환자들의 높은 출혈을 보충하기 위해서였다. 대부분 그들은 병자에게 다른 사람의 피를 투여하

카를 란트슈타이너

였다. 심지어 가끔씩 동물의 피를 투여하기도 했는데 몇몇 경우에는 성공하지만 대부분의 경우 수혈 받은 사람들은 예상보다 더 빨리 죽었다. 그래서 수많은 유럽의 국가들이 19세기 말경에는 수혈을 완전히 금지하기도 했다.

1) 피는 다 똑같은 피가 아니다

1900년에 오스트리아의 의사 카를 란트슈타이너(Karl Landsteiner, 1868~1943)는 마침내 지금까지의 수혈에 대한 문제의 열쇠를 찾게 되었다. 그는 혈액형을 발견하였다. 실험을 위해서 자신의 동료들과 자신

의 혈액을 검사한 뒤 혈장에 있는 피와 적혈구를 분리하였다. 이어서 란트슈타이너는 각각 낯선 적혈구와 혈장을 혼합하였다. 그는 인간의 피는 적혈구를 응결시키는 혈청의 기능에 따라서 구별된다고 확신하였다. 어느 한 혈청의 종류가 B라는 사람의 적혈구가 아니라 A라는 사람의 적혈구를 응결시킬 수 있는 반면에 거꾸로 혈청의 다른 한 종류는 A라는 사람의 적혈구가 아니라 B라는 사람의 적혈구를 응결시켰다. 다른 임의의 혈청은 다시 A와 B 두 사람의 적혈구를 응집할 수 있으며, 또 다른 혈청은 A라는 사람의 적혈구도 B라는 사람의 적혈구도 응집시킬 수 없다는 것을 알게 되었다.

낯선 피의 일정한 물질이 자신의 피의 항원(안티겐), 항체(일정한 안티겐에 저항하는 단백질)에 작용되기 때문에 응집을 통한 혈액의 파괴가 이루어진다.

2) ABO 혈액형 체계

1902년까지 란트슈타이너는 인간의 피를 4가지 '혈액형'으로 분류했으며 A, B, AB 그리고 O라고 불렀다. ABO 혈액형 체계는 최초의 혈액형에 대한 고전적인 분류이다. 적혈구와 항체 표면 위의 생화학적 특징이 인간이 어떤 혈액형을 소유하고 있는지를 규정한다. 그때부터 헌혈을 하는 사람과 환자의 혈액형의 세심한 검사에 기초하는 수혈이 의학적으로 실용화되었다. 수술기술이 향상되고 또한 그 이후로 법의학에서는 혈액형 검사가 핏자국을 확인하는 데에 중요한 역할을 하였다.

하지만 란트슈타이너의 발견 이후에도 혈액형 검사는 여전히 일상이 되지 못했다. 과학의 선두주자인 독일에서조차도 그의 실험에 그렇게 주목하지 않았다. 수많은 외과 분과에서는 물론 환자의 피가 헌혈한 사람의 그것과 일치하는지를 수혈하기 전에 검사하는 노력을 하였다. 하지만 일반적으로 혈액형 검사는 시간낭비로 간주되었다. 제1차 세계대전이 끝나서야 비로소 혈액형 검사가 통상적이 되었다. 란트슈타이너는 1930년에 자신의 발견에 대해서 의학과 생리학 분야에서 노벨상을 받았다.

ABO 혈액형 판정에 이용되는 혈청

❗ 아르에이치(RH)식 혈액형

ABO 체계와 더불어 계속되는 혈액형의 분류가 더 존재한다. 즉 아르에이치 혈액형이다. 적혈구 위에 소위 말하는 아르에이치 인자라고 하는 더 많은 안티겐(항원)이 속하는 것이다. 란트슈타이너는 1940년에 아르에이치 원숭이의 적혈구를 실험 토끼에 주입한 후 아르에이치 체계를 발견하게 되었다. 토끼는 원숭이의 피에 저항하여 항체를 만들어냈고, 계속되는 시도에서 명백해진 것은 이와 똑같이 아르에이치 원숭이의 피로 미리 조치를 한 토끼의 혈청은 인간의 적혈구를 응결시킬 수 있다는 것이었다. 이러한 아르에이치 인자를 가지고 있는 사람을 아르에이치 양성이라고 한다. 아르에이치 인자가 부족한 사람은 아르에이치 음성이라고 한다.

3. 굴리엘모 마르코니(Guglielmo Marconi)
— 라디오의 매혹적인 세계(1901)

굴리엘모 마르코니

지금으로부터 100년 훨씬 전인 1901년 12월 12일에 굴리엘모 마르코니(1874~1937)는 세상에 최초의 라디오 뉴스를 전송했다. 그 이후로 오랜 시간이 흘렀지만 이러한 성공적인 실험은 라디오 방송, TV 방송, 모바일 전화 또는 비행기와 배 사이의 무선전화처럼 오늘날 우리 모두에게 너무나도 당연한 서비스에 대한 토대를 형성하였다. 라디오의 선구자는 다른 이들이 앞서 만들어 놓았던 기술적인 방법을 이용하여 새로운 커뮤니케이션 기술을 위한 길을 열었다.

볼로냐에서 멀지 않은 곳에 살고 있는 마르코니는 이미 일찍이 물리적 공작에 취미를 붙여서 부모님집의 창고에 작은 실험실을 마련하였다. 21살에 그는 최초의 발명을 하게 되었는데 그의 연구는 하인리히 헤르츠(Heinrich Hertz, 1857~1894)의 인식에 기초하여 구성되었다. 헤르츠는 1888년 연구를 통해서 실험실 안에서 단거리에 전기자력의 파장이 퍼지는 것을 검증하였다. 그 당시 이러한 파장이 좀 더 먼 거리에서도 사용될 수 있는지 없는지에 관한 질문은 마르코니를 제외하고는 어느 누구도 제기하지 않았다. 최초의 실험과 시도가 시작되었다. 그러나 이탈리아 정부는 마르코니의 연구계획 지지를 거부하였다. 그래서 그는 1896년 영국으로 가게 되었다. 1897년 5월에 그는 14 킬로미터 너비의 브리스톨 운하 위로 그때까지 누구도 상상할 수 없었던 무선전신의 연결을 최초로 성공시켰다.

하인리히 헤르츠

1) 대서양 위의 전기충격

그의 삶에서 아마도 가장 중요한 순간은 1901년 12월일 것이다. 마르코니는 영국의 남쪽 정상에 그 당시에 35 킬로와트의 엄청난 용량을 가진 강력 무선송신소를 세우게 하였다. 자신이 직접 뉴펀들랜드(캐나다의 주)의 세인트존(Saint John)에 있는 '시그널힐(Signal Hill)' 위에 수신소를 짓기 시작하였다. 안테나를 가능한 높이 세우기 위해서 그는 종이연을 이용하여 안테나를 높이 오르도록 하였다. 1901년 12월에 모든 준비가 완료되었다. 약하지만 선명하게 마르코니는 2,500 킬로미터 떨어진 곳에서 보낸 'S' 철자의 모스부호를 들을 수 있었다. 대서양을 건너는 방송전송이 탄생하는 날이었다.

마르코니는 이러한 실험으로 긴 파장의 전기자력의 진동이 지구표면

페르디난드 브라운

의 굴곡을 따라서 흐르고 그렇게 수천 킬로미터를 극복한다는 것을 증명하였다. 이어서 마르코니는 전 세계에 무선전신 서비스를 설립하고 해안 무선전신국의 건설을 준비하였다. 그는 자신의 기이한 업적을 통해서 국제적으로 가장 주목받는 과학자이자 기업가가 되었다. 1909년에 마르코니는 페르디난드 브라운(Ferdinand Braun, 1850~1918)과 함께 무선전신의 영역에서 달성한 자신의 연구결과에 대해 노벨 물리학상을 받았다.

> **! 최초의 라디오 방송**
>
> 1922년 최초로 휴대용 라디오가 시장에 나왔다. 일 년 후인 1923년 10월 23일에 독일에서 최초의 라디오 방송이 공식적으로 1 킬로와트 송신에 의해 발송되었다. 포츠담 거리에 있는 폭스하우스(Voxhaus)로부터 나오는 베를린의 라디오 방송은 다음과 같은 말로 시작되었다.
> '⋯⋯여러분, 안테나 접지하는 것을 잊지 마세요⋯⋯.'
> 이미 1920년대 중반에는 독일의 수많은 대도시에는 약 15 킬로와트 성능의 강력 송신을 가진 방송국이 존재하였다. 1920년대 말에는 고주파 라디오가 최초의 전지식 수신기로 교체되었다.

4. 어니스트 헨리 스탈링(Ernest Henry Starling) & 윌리엄 매독 베일리스(William Maddock Bayliss)

— 호르몬의 신비를 풀다(1902)

이미 의학의 발전 초기 단계부터 과학자들과 학자들은 인간의 유기체를 조정할 수 있는 일정한 물질이 있을 수 있다는 예감을 하고 있었다. 약 2000년 후에 몸 안에서 작용하고 있는 물질에 관한 연구가 구체적인 형태를 갖추게 되며 인간생리학의 이면을 자연과학실험으로 들여다볼 수 있게 되었다. 영국의 생리학자 어니스트 헨리 스탈링(1866~1927)와 윌리엄 매독 베일리스(1860~1924)는 1902년 호르몬 연구에 중요한 걸음을 내디뎠다. 그들은 췌장이 그곳으로 이어지는 모

어니스트 헨리 스탈링

든 신경을 절단한 후에도 여전히 기능한다는 것을 발견했다.

췌장은 위에 있는 내용물이 장에 도달하자마자 소화물질을 분비한다. 게다가 소장에서는 두 과학자들이 '세크레틴(호르몬)' 이라고 이름을 지은 분비물을 분비한다. 이 분비물은 췌장이 소화를 촉진하는 물질을 분비할 수 있도록 한다. 1904년 스탈링은 다른 기관이 활동하도록 자극하기 위해서 특히 선(gland, 혈액에서 특정한 물질을 제거하고 이것을 변화

윌리엄 매독 베일리스

시키거나 농축시킨 다음 체내에서 쓸 수 있도록 분비하거나 배설하는 작용을 하는 동물세포 또는 조직.—역자 주)을 통해 혈액에 도달하는 모든 물질을 표시하는 이름을 호르몬이라고 제안했다.

1) 새로운 사자(전령)물질

두 과학자의 호르몬 이론은 획기적인 성공을 거두었다. 이어서 사람들은 혈액 순환로에서 미세한 농도로 존재하는 수많은 호르몬을 빠르게 발견하였다. 그리고 호르몬의 작용을 정확하게 차례차례 맞추었다. 몸 안에서 화학적 반응이 일어날 때 세심하게 조절되거나 필요시에는 정확하게 조절된 변화가 일어난다.

이미 1901년에 일본의 화학자 조키치 다카미네(高峯讓吉, 1854~1922)는 부신(장)에서 한 가지 물질을 확인할 수 있었다. 스탈링과 베일리스가 인식한 바에 따르면 그것은 아드레날린이라는 호르몬이었다. 그것은 스트레스나 육체적인 활동을 할 때 에너지를 공급하기 위해서 신진대사를 자극한다.

1916년 에드워드 캘빈 켄들(Edward Calvin Kendall, 1886~1972)은

갑상선 호르몬 티록신을 발견하였다.

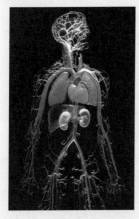

호르몬은 몸 안의 정보 전달자이다. 그것은 일정한 조직체계의 선세포에서 형성되고 이어서 혈액으로 넘어간다. 그 다음에 호르몬은 도킹할 특별한 장소가 있는 세포에 도착한다. 그곳에서 호르몬에 대한 정보를 읽을 수 있다. 호르몬은 유기체와 조직의 활동을 규정하고 조종하는 영향력을 가지고 있다.

신비로운 우리 몸

2) 신진대사 호르몬 인슐린(췌장 호르몬)

호르몬 연구의 초기에 획기적인 성공은 당뇨병의 치료에서 볼 수 있다. 당뇨병의 경우에는 당분이 에너지로 전환하는 조절이 방해를 받아서 너무 높은 혈당량이 생기는 것이다. 20세기 초까지는 이 병은 치명적이었다. 의료인들은 이미 췌장이 일정한 방식으로 이 병과 연관이 있을 거라고 예측하였다.

캐나다의 젊은 의사 프레더릭 그랜트 밴팅(Frederick Grant Banting, 1891~1941)과 그의 보조 찰스 허버트 베스트(Charles Herbert Best, 1899~1978)는 췌장 호르몬 인슐린을 확보하고 그것으로 당뇨병에 대한 치료방법을 제시하는 것에 성공하였다. 당뇨병에 인슐린을 사용하는 것은 20세기 의학의 엄청난 진보라고 할 수 있다.

5. 프레더릭 가울랜드 홉킨스(Frederick Gowland Hopkins) & 크리스티안 에이크만(Christian Eijkman)
— 비타민에 대해 알아내다(1906)

1900년에 대부분의 의사들은 모든 병은 병원체가 몸 안으로 잠입하는 것에 원인이 있다고 믿었다. 프레더릭 가울랜드 홉킨스(1861~1947)와 크리스티안 에이크만(1858~1930)은 나쁜 영양 섭취와 일정한 영양소의 부족이 병에 대한 원인이 될 수 있다는 연구 관점에 흥미를 가졌다.

에이크만

탐험(발견)여행의 시대에는 사람들은 몇 달 동안 좁은 배 위에서 생활을 해야만 했기에 썩지 않는 식량으로 충족해야만 했다. 신선한 과일과 야채는 요리 목록에 아예 없었다. 이러한 선원들에게 널리 퍼진 병이 괴혈병이었다. 그것은 뼈와 관절의 변화, 잇몸과 피부에서 피가 나면서 발생했다.

제임스 린드(James Lind, 1716~1794)는 영양결핍이 이러한 병의 원인이 될 수 있으리라 생각했다. 1747년 그는 괴혈병에 걸린 사람들에게

분배되었던 식품 목록을 실험해 보았다. 그리고 곧 감귤류의 과일이 그 병의 증상을 완화시켜 준다는 것을 알아냈다.

오늘날 우리는 괴혈병이 비타민C의 결핍에서 기인한다는 것을 누구나 알고 있다.

1) 인간은 빵만 먹으며 살 수 없다

100년이 지난 후에 네덜란드의 의사 에이크만은 닭에게 모이를 주는 실험을 통해서 각기병(결핍성 질환)이 음식물 안에 아직 알려지지 않은 소량의 물질이 부족한 것에 기인한다는 것을 증명했다. 오늘날 우리는 그것이 비타민 B1의 부족이라는 것을 알고 있다. 곧 세기의 전환 후에 곧 다른 연구가는 탄수화물, 지방 그리고 단백질의 영양소와 더불어 어떤 부가적인 내용물이 음식물에 존재한다는 인식을 하게 되었다.

영국의 생물학자 프레더릭 가울랜드 홉킨스는 마침내 모든 음식물에는 건강과 성장을 위해 절대적으로 필요하며 그때까지 알려지지 않았던 일정한 구성요소가 함유되어 있다는 것을 입증하였다. 1906년 홉킨스는 부가적인 영양소의 개념을 각인시켰다. 그와 크리스티안 에이크만은 1929년에 그들의 인식에 대한 공로로 노벨 의학상을 수상했다.

❗ 이름을 지은 사람

1912년 폴란드-아메리카인이자 생화학자인 카시미르 풍크(Casimir Funk, 1884~1967)가 생명에 중요한 생체요소의 이름을 지었다. 그는 이러한 인자들이 아민(질소화합물)일 수 있다는 견해를 대표하고 '생명에 중요한 아민' 이라는 이름 또는 짧게 '비타민' 이라는 이름을 제안하였다. 비타민은 생명에 중요한 기능들의 유지를 위해서 생물체가 필요로 하는 유기체의 결합이다. 그것은 규칙적으로 적당한 양의 영양분과 함께 공급되어야 하는데 그 구조는 오랜 시간 동안 알려지지 않았다. 그렇기 때문

에 A, B, C와 같은 철자로 그것들을 표현한다.

총 2그룹으로 분류되는 13가지의 비타민과 프로비타민은 다음과 같다.

① **물에 녹는 비타민** — 비오틴(Biotin, 비타민 B복합체), 엽산, 니코틴산, 판토텐산 그리고 비타민C와 더불어 B1, B2, B6, B12가 속한다.

② **지방에 녹는 비타민** — A, D, E, K 그리고 비타민 A의 전 단계 프로비타민이며 우리의 몸을 원래의 비타민으로 전환시킨다.

6. 헨리 포드(Henry Ford)

— 자동차의 대량생산(1913)

헨리 포드

현대는 컨베이어 벨트에서 모든 것이 생산된다고 할 수 있다.

약 100년 전에 헨리 포드 (1863~1947)가 자동차 생산에 컨베이어 벨트 기술을 최초로 도입한 사람들 중의 한 사람이다. 그리고 그것으로 차량의 현대적 제작의 개념을 만들어 냈다. 이러한 업적은

박물관에 있는
모델 T의 뼈대

단지 산업생산에 혁명을 일으키는 것이 아니라 또한 현대문화에도 엄청
난 영향을 미쳤다.

그렇게 모든 것이 시작되었다. 기술자이자 탐구가인 포드는 1903년 6
월 16일에 28,000 달러의 다소 제한적인 초기자본으로 디트로이트에 있
는 낡은 화물차량 공장에서 11명의 다른 투자자들(각각 석탄 거래 상인,
부기계원, 은행원, 가구공, 사무원, 재봉용품 상인, 공기총 생산자, 두 명의
변호사와 홀을 소유하고 있는 두 형제)과 함께 포드 모터회사를 건립하였
다. 수년 동안 그의 공동주주들은 부자 미국인들을 위한 럭셔리한 자동
차를 개발하고 제작하라고 포드를 다그쳤다. 하지만 포드는 다른 생각을

모델 T

가지고 있었다. 그는 대중들을 위한 싸고 신뢰할 수 있는 확실한 자동차를 꿈꾸고 있었다. 그의 '보편적 자동차'는 모델 T가 되었고, 1908년 포드는 공개적으로 이를 소개하였다. 그 차는 곧 히트 상품이 되었다.

2) 모두가 틴 리지(Tin Lizzy)를 원한다

모델 T를 사랑스럽게 표현한 '틴 리지(Tin Lizzy)'에 대한 수요는 그렇게 만족스럽지 못했다. 포드는 그가 대규모 도살장에서 보았던 컨베이어 벨트 기술을 기억하고 이것을 자신의 회사 자동차 생산에 적용시키기로 하고 1913년에 그는 최초의 자동차 기업으로서 컨베이어 벨트를 도입하였다. 그리고 이어서 다른 경쟁업체들이 화가 날 정도로 자신의 회사 노동자들의 임금을 하루에 5달러로 두 배를 올려주었다. 또한 이

익분배를 경영체제에 도입, 저렴한 생산 비용으로 가격을 엄청 내릴 수 있었으며, 동시에 자동차 판매를 계속 불타나게 했다. 컨베이어 벨트는 물론 포드가 발명한 것은 아니지만 그는 완벽하게 그것을 생산에 흡수하였으며, 곧 산업생산의 엔진으로 입증하였다.

포드의 작업장에서는 모든 노동자들이 정해진 일자리에서 일정한 생산량을 달성했다. 생산하는 자동차는 천천히 작업영역에서 이어지는 작업영역으로 계속 움직였다. 컨베이어 벨트로 인해 생산속도는 8배나 빨라졌다. 제작은 그렇게 완벽해지고, 매일 10초에 한 대의 완성된 포드 모델 T가 생산되었다. 끊임없는 새로운 생산기록과 1,500만 대 이상의 총 판매로 모델 T의 전대미문의 성공 시리즈가 1927년까지 이어졌다.

？ 알고 넘어가기

헨리 포드는 사회개혁자이자 미래주의자였다. 한편으로는 가장 현대적인 합리주의 원칙을 적용하고, 또 한편으로는 자신의 노동자들에게 초과임금을 지불하는 등 그 당시 파격적인 노동조건을 만들어 주었다. 오늘날에도 모든 성공한 기업가들은 포드주의(생산의 합리화와 표준화를 추진하여 가격의 인하와 임금의 상승 효과를 노림.—역자 주)를 기본원칙으로 받아들인다. 하지만 또한 그의 전기를 보면 그늘진 측면도 드러난다. 그는 열성적인 반유태주의자로서 이미 1920년대에 반유태주의적 글을 발표한 바 있고, 1930년대와 40년대에는 독일에 있는 나치 정권과 밀접한 관계를 맺으며 일했다.

7. 블라디미르 코스마 즈보리킨
(Vladimir Kosma Zworykin)

— TV 시대를 알리다(1923)

즈보리킨이라는 이름은 그렇게 널리 알려져 있지 않았다. 왜냐하면 전

60년대 진공관식
TV(일본)

세계적으로 너무나도 많은 사람들이 함께 TV(television) 개발을 하고 있었기 때문이다. 러시아의 전기기술자 블라디미르 코스마 즈보리킨(1889~1982)은 '현대 TV의 아버지'라고 불리는 것에 큰 의미를 두지 않았지만 1923년에 전자 아이코노스코프(Ikonoskop, 1933년 미국 RCA사의 V.K.즈보리킨이 발명한 텔레비전용 촬상관(撮像管).—역자 주)를 개발한 그에게 영광이 돌아갔다. 아이코노스코프는 TV 시대를 열어 주었다. 즉 라디오를 통해서 들려오던 음성들이 얼굴을 드러내게 되었던 것이다.

비밀스러운 화면의 녹음에서 재생까지 TV 영상이 만들어지는 방법을 추적하고자 한다면 1897년부터 살펴보아야 한다. 이 해에 독일의 물리학자 카를 페르디난드 브라운(Karl Ferdinand Braun, 1850~1918)이 소위 말하는 브라운관이라고 하는 음극선관을 개발하였다. 오늘날까지 그것은 우리가 사용하는 TV와 컴퓨터 모니터에 장착되는 것이다.

브라운관은 전구음극으로 된 폐쇄적인 플라스코로 구성된다. 새어나오는 전자는 광선으로 묶여 영상막 위에서 볼 수 있다. 현대적인 TV 영상은 우리에게 약 1초에 1천3백만 개의 그와 같은 방식으로 만들어지는 점을 보여 준다. 이러한 점으로 25개의 개개의 화면이 조합되며 우리의 눈에 움직임의 환영을 전달하는 것이다. 즈보르킨이 화면의 촬영에 중점을 둔 반면 브라운은 화면의 재생작업을 실행했다.

카를 페르디난드 브라운

우리나라에서 만든 오늘날의 TV

❗ 전기 망원경

이미 브라운과 즈보리킨 이전에 독일의 기술자 파울 니프코브(Paul Nipkow, 1860~1940)는 처음으로 전기를 이용한 영상 방영에 성공하였다. 1883~84년에 그는 나선형으로 정비되고 정방형으로 구멍이 난 회전하는 원판을 발명하였다. 그 구멍으로 영상들이 점으로 분해되고 전선의 끝에서 다시 조합된다. 그의 '전기 망원경'은 오늘날 TV의 전신이라 할 수 있다. 베를린에 있는 황제의 특허청에 맡긴 특허 명세서에는 이렇게 적혀 있었다.

'여기 묘사되는 기구는 A라는 장소에서 볼 수 있는 대상이 임의의 다른 B라는 장소에서도 볼 수 있게 하는 목적을 가지고 있다.'

1) 베를린에 있는 공식적인 TV방

1928년 베를린의 통신기기 전시회에서 즈보리킨의 아이코노스코프가 최초로 공식석상에 소개되었다. 일 년 후에 이미 독일제국 우체국은 시험방송으로 무성영화를 내보냈다. 같은 해에 또한 영국방송협회 BBC(British Broadcasting Corporation)가 방송을 시작했다.

1935년 3월 22일 베를린에서는 세상에서 최초의 정규 TV 프로그램이 20시 30분에서 22시까지 1주일에 3일 방송되었다. 당시에는 그 비싼 수신기(TV)를 구입할 수 없기 때문에 독일의 대도시에는 얼마 지나지 않아 공식적인 TV방이 생겼다.

1936년 베를린 하계 올림픽 경기는 스포츠 역사상 스포츠 경기장 밖의 광범위한 관중들이 접근할 수 있었던 최초의 대이변이었다.

1939년 뉴욕의 세계 전시회에서 미국은 처음으로 루즈벨트 대통령의 연설을 TV 초연으로 방영하였다.

2) 컬러 영상 시대

최초의 컬러 영상은 그리 오래 걸리지 않았다. 이미 1941년에 영국의 기술자 존 로지 베어드(John Logie Baird, 1888~1946)가 컬러 방송에 성공하였다. 1954년에는 미국에서, 1967년에는 독일에서 컬러 영상이 TV로 방영되었다. TV 기술의 가능성을 보여 준 최고의 절정은 1969년 7월 20일에 '아폴로 11'의 달 착륙 장면의 성공적인 방송이었다. 인간이 달에 최초로 착륙하는 순간이 라이브 방송으로 기록을 달성하였다.

현대 텔레비전의 아버지 블라디미르 코스마 즈보리킨은 TV의 영향에 대해 아주 회의적이었다. TV의 개척자는 말년에 다음과 같이 강조했다.

"난 내 자식들에게는 텔레비전을 보지 못하게 할 것이다."

8. 알렉산더 플레밍(Alexander Fleming)
— 치료에 쓰이는 곰팡이즙(1929)

19세기 중반부터는 점점 더 많은 사람들이 시골에서 도시로 이주하기 시작했다. 그들은 공장에서 생계비를 벌기 위해서였다. 노동자들의 거주 상태는 최악이었다. 어두운 골목과 위생적이지 못한 생활조건들은 결핵, 티푸스, 디프테리아 그리고 다른 감염성 병의 온상이 되었다. 의사들과 과학자들은 이러한 병에 걸린 사람들을 위해서 필사적으로 효력 있는 치료 가능성을 찾고자 노력하였다.

원래 영국의 세균학자 알렉산더 플레밍(1881~1955)은 1928년 9월에 포도당구균을 배양하고자 했다. 하지만 위생적으로 작업하지 않았기 때문에 페트리 접시(세균배양용) 위에는 박테리아 외에 사상균도 자라나게 되었다. 실험은 실패였다. 하지만 플레밍은 접시를 버리기 전에 접시를 들여다보고 놀라운 사실을 발견하였다. 곰팡이 주위로는 박테리아가 자라지 않는 것이었다.

"그것 참 재미있군!"

평소에 말이 적은 스코틀랜드인은 이렇게 중얼거렸다. 이 발견은 의학의 혁명을 가져다주었다. 플레밍은 '페니실리움 노타툼(Penicillium notatum)'이라는 이름을 가진 균이 박테리아를 죽이는 곰팡이즙을 분비한다는 것을 알아내게 되었다. 실험실의 박테리아뿐만 아니라 탄저균

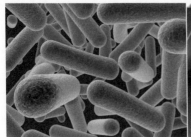

박테리아(좌)와 페니실린(우)

과 같은 병원체 그리고 뇌막염의 병원체도 죽였다. 하지만 어느 누구도
〈페니실린 배양의 안티박테리아 작용에 관해서〉라는 그의 논문에 대해
반응하지 않았다. 플레밍은 그 논문에서 페니실린은 특히 고름을 유발
하는 박테리아를 죽이고 성장을 멈추게 하는 영향을 미친다는 것을 상
세히 설명하였다. 하지만 그 당시에 다량의 페니실린을 생산하는 것은
성공하지 못했다.

1) 페니실린의 호응

1938년 병리학자 하워드 플로리(Howard Florey, 1898~1968)와 화학자 어니스트 보리스 체인(Ernst Boris Chain, 1906~1979)은 페니실린을 좀 더 정확하게 관찰하였다. 그것은 박테리아를 죽이는 화학적 물질인 항생물질을 유리시키면서 작용한다는 것을 알게 되었다. 그들은 많은 양의 페니실린을 만들 수 있게 되었으며, 동물과 나중에는 인간에게 박테리아 감염에 저항할 수 있도록 투여하였다. 미국 농업부의 재정적 지원과 후원으로 플로리와 체인은 산업용 제약생산에 페니실린을 도입하였다.

9. 오토 한(Otto Hahn) & 프리드리히 슈트라스만 (Friedrich Strassmann)
— 원자핵을 분열하다(1938)

오토 한(1879~1968)은 독일의 방사성 연구의 개척자이다. 화학자 집안의 출신인 그는 처음에는 몬트리올에 있는 어니스트 러더퍼드(Ernest Rutherford, 1871~1937)의 보조로 그 다음에는 베를린에서 30년 이상 물리학자 리제 마이트너(Lise Meitner, 1878~1968)과 함께 작업했다. 한은 프리츠 스트라스만

어니스트 러더퍼드

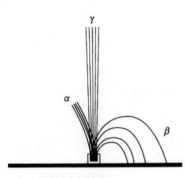

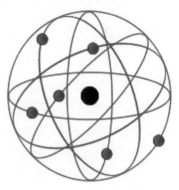

어니스트 러더퍼드의 방사선 연구 · 어니스트 러더퍼드의 원자 모형

앙리 앙투안 베크렐

(Fritz Strassmann, 1902~ 1980) 과 함께 연구하여 1938년 핵분열을 발견하게 되는데 이때가 연구의 절정기였다. 핵분열의 발견으로 그는 1946년 노벨 화학상을 받았다. 그의 발견은 핵에너지의 기술적 사용과 핵무기 생산에 대한 기초가 되었다.

앙리 앙투안 베크렐(Henri Antoine Becquerel, 1852~1908)이 1896년 천연 우라늄에서 방사선을 발견한 이후부터 원자의 내부에는 엄청난 에너지가 결합되어 있다는 것을 과학자들은 알게 되었다. 제임스 채드윅(James Chadwick, 1891~1974)이 1932년 중성자의 존재를 입증하면서 핵폭발에 대한 답을 알게 된 것이다. 전기가 통하는 중성입자는 양성을 띠는 프로틴과 함께 원자핵을 형성한다.

1934년 자연과학자들은 로마를 주목했다. 그곳에서 엔리코 페르미(Enrico Fermi, 1901~1954)는 우라늄을 중성자로 조사(照射)하였다. 게다가 그가 생각한 대로 소위 말하는 초우라늄 원소를 만들었다. 우라늄과는 거리가 먼 새롭고 인공적인 원소라 할 수 있다.

1) 우라늄 핵의 분열

화학연구를 위한 베를린의 빌헬름 연구소의 감독 오토 한, 방사성 분과의 관장 리제 마이트너와 한의 보조 프리츠 스트라스만은 이러한 추정적인 발견에 매료되었다. 화학자 한과 물리학자 마이트너는 이미 1907년부터 성공적으로 함께 작업을 해왔으며, 스트라스만도 탁월한 분석가였다.

이 세 사람은 페르미의 실험을 반복하는 와중에 모순에 직면하게 되었다. 팀에서 이론상 리더인 리제 마이트너가 망명을 했기 때문이었다. 1938년 3월에 히틀러제국에 오스트리아가 합류하면서 오스트리아계 유대인이고 독일 국적을 가진 그녀는 반유태주의 추방 앞에 보호막도 없이 스톡홀름으로 도망칠 수밖에 없었다. 실험은 그녀 없이 계속 진행되었고, 마지막에는 '끔찍한 결과'를 초래했다. 초우라늄 원소에 대한 추적은 연구자들을 잘못된 길로 빠지게 했기 때문이다. 그녀는 망명지에서 문제의 해결에 협력해야 하는 처지가 되었다.

중성자로 우라늄 핵을 조사할 때 생성되는 반응물에서 그들은 우라늄보다 더 무거운 원소는 찾지 못하고 훨씬 더 가벼운 바륨을 찾아냈다.

또한 우라늄 핵을 연구하던 몇몇은 분열되었다. 한은 이 발견을 1938년 12월에 먼저 마이트너에게만 알렸다. 그녀에게 이러한 효과의 물리학적 의미를 확실히 하기 위해서였다. 그 다음에 그는 자신의 발견을 공식적으로 알렸다.

히로시마에 투하된 핵폭탄

2) 핵폭탄으로의 길이 열리다

전기에 감염된 것처럼 전 세계의 연구자들이 이 주제에 주의를 기울이고 추호의 의심도 없게 되었다. 중성자 하나가 우라늄 235의 핵을 바륨 144와 크리톤 89로 분열할 수 있었다. 그것들은 2억 만 전자볼트의 에너지로 산산조각이 났다. 게다가 2개에서 3개의 중성자까지는 유리되고 연쇄반응을 위해 사용할 수 있었다. 우라늄은 연료로써 석탄보다 3백만 배 더 효과적이었다. 원자로(원자핵 분열 연쇄 반응의 진행 속도를 인위적으로 제어하여 원자력을 서서히 끌어내는 장치. 우라늄, 플루토늄 따위의 핵분열 물질을 연료로 하고 중성자를 연료의 촉매로 하는 장치이다.—역자 주)의 길도 자유롭지만 또한 핵폭탄을 만드는 길도 열린 셈이었다.

1945년 제2차 세계대전 당시 미국은 일본의 도시 히로시마와 나가사키에 최초의 핵폭탄을 떨어뜨렸다. 그 결과 인간과 동물이 황폐해지는 결과를 초래하였다. 한은 자신의 발견이 끔찍한 일에 남용되는 것에 놀라서 그 이후로 핵에너지의 군사적 사용과 군비확장의 모든 다른 형태에 반대하였다.

10. 콘라드 추제(Konrad Zuse)
— 최초의 컴퓨터(1941)

독일의 건축기술자 콘라드 추제(1910~1995)가 1941년에 Z3라는 이름으로 최초로 작동능력이 있는 디지털 컴퓨터를 세상에 선보였다. 아마도 이러한 것이 실제로 60년 훨씬

Z3 컴퓨터

이전에 일어난 일이라고는 상상할 수 없을 것이다. 그 당시의 컴퓨터는

오늘날 거의 모든 책상에서 전산능력을 충분히 제공하는 그런 완성도를 갖춘 건 아니었다. 하지만 그것의 토대 위에 현대에 적용하는 모든 전체의 컴퓨터 기술이 존재하는 것이다.

1923년 작센의 호이에르스베르다(Hoyerswerda)에서 아비투어를 마친 추제는 1935년 건축기사로서의 학업을 오늘날의 베를린 공대에서 마쳤다. 이미 일 년 후에 그는 프로그램을 만들 수 있는 전산의 개발에 몰두하였다. 그 결과 1938년 Z1을 선보였다. 전기로 작동되는 기계 전산기였다. 그것은 명령을 펀치카드로부터 받았다. 1940년 좀 더 개선된 Z2가 이어지고, 1941년에는 마침내 전설적인 Z3가 나왔다. 그것은 즉 컴퓨터 시대의 시작을 알렸다. Z3는 정보기억장치와 전화계전기로부터 중앙전산통합을 가진 2진법에 따른 전산기였다.

? 알고 넘어가기

'2진법의(binary)' 라는 단어는 라틴어에서 유래하며 '두 가지 통합(또는 부분)으로부터' 구성되는 것을 의미한다. 2진법은 부호(철자나 수)의 표시를 위해서 단지 두 가지 부호만을 사용한다. 오늘날의 컴퓨터에서 가동되는 이진법 역시 0과 1의 숫자이다. 그것은 단순한 방식인 전기로 실현된다. 전압상태를 통해서 On은 1, Off는 0이다. 그리고 그것으로 이미 PC 작동방식의 비밀을 털어놓은 것이다. 물론 아주 빠른 속도로 작동한다.

그냥 기계적인 아날로그 전산기는 이미 20세기 초부터 존재했다. 하지만 이미 1920년대에 기술자들은 전기에 의한 전산요소들을 시험했다. 통용되는 기구는 정확한 속도와 전산능력으로 기술적 진보에 뒤지지 않았다. 미국인 배너바 부시(Vannevar Bush, 1890~1974)는 1930년 전기에 의해 가동되는 아날로그 전산기로 짧은 시간 동안에 복잡한 계산을 해냈다. 이러한 성공이 현대의 컴퓨터 시대로 접어드는 것을 재촉하였다.

그 다음에는 1936년 영국의 수학자 앨런 튜링(Alan Turing, 1912~1954)이 컴퓨터 기술에서 새로운 충격을 주었다. 소위 말하는 튜링 계산기로 복잡했던 계산과정에 대한 이론적 토대를 소개한 것이다. 추제는 그 당시에 정치적 문제로 인해 유럽 대륙에서 여전히 소외된 채 자신만의 목표를 위해 노력하였다.

맨체스터 대학의 앨런 튜링 동상

1) Z4 — 최초의 상업적 컴퓨터

제2차 세계대전이 끝난 후 콘라드 추제는 자신의 회사를 설립하였다. 그리고 1949년 전 세계에서 최초의 상업적 컴퓨터 Z4를 생산했다. 그리고 1960년대에 경영에서 물러났다. 그의 전설적인 컴퓨터 Z1과 Z3의 모조품은 여전히 오늘날에도 독일의 베를린 기술박물관과 뮌헨에 있는 독일박물관에 전시되어 있다.

2) 가정용 컴퓨터

초기의 산업 컴퓨터는 정말로 '자리를 차지하는 골칫덩어리'였다. 얼마 크지 않은 공장의 홀에 세워두기에는 그다지 쓸모 있지 않았다. 게다가 하나의 견본이 수백만 유로(그 당시에는 당연히 마르크였다.— 역자 주)였다.

가정에서의 컴퓨터는 비로소 1970년대부터 점차적으로 통용되었다. 1971년의 최초의 마이크로프로세서의 개발이 그것의 전제가 되었다. 새로운 칩으로 담뱃갑 크기의 상자 안에서 높은 전산작업을 수용하는 것이 곧 가능해졌다. 그것으로 오늘날 PC(Personal Computer, 개인용 컴퓨터)의 개발에 장애가 되는 것은 없다.

11. 알베르 클로드(Albert Claude)

— 투명한 세포(glaeserne Zelle, 1950)

벨기에의 세포연구자 알베르 클로드(1899~1983)는 세포의 구성요소를 유리(遊離)시키고 분석하는 것에 성공했을 때 과학적 신대륙에 들어서게 되었다. 세포의 구조적이고 기능적인 조직영역에서의 연구로 1974년 그는 의학과 생리학 노벨상을 받았다. 그리고 세포 생물학의 아버지로 인정받았다.

세포는 모든 생물체의 소립자를 형성한다. 그것은 디옥시리보핵산(DNS)에 저장된 유전정보(genetic information, 생물의 생명 유지 및 자기 복제(複製)를 위하여 필요한 모든 정보.—역자 주)를 내포하고 있다. 디옥시리보핵산은 세포의 활동을 조종하고 세포가 계속 번식할 수 있게 하고, 그러한 특성을 전달할 수 있는 능력을 준다. 성인 남자는 약 100조(서양 기준)의 세포로 구성된다.

세포는 외피, 막에 의해 에워진 다양한 구성요소, 세포내소기관으로 구성되어 있다. 세포내소기관은 일정한 임무의 실행에 몰두한다. 그렇게 세포의 조종 센터 세포핵은 유전질 DNA를 함유하고 있다.

디옥시리보핵산의 구조

프랜시스 크릭(Francis Crick, 1916~2004년)과 제임스 왓슨(James Watson, 1928~)은 현대의 유전학을 건립하였다. 과학자들은 1953년 DNS가 소위 말하는 더블 헬릭스(왓슨-크릭-나선)로 존재하고 고분자 다핵산으로써 유전적 정보의 소지자라는 것을 인식하였다. 분자는 3차원 나선형의 이중 가지이며 그것의 내부 공간에는 4개의 염기가 항상 각각 두 개로 결합되어 있다. 우리의 유전물질은 나선형 계단처럼 보인다. 게다가 염기를 나선형 계단 그리고 당(분)과 인산염을 계단 난간으로 상상해야만 한다. 이러한 구조에서 특별한 것은 그들 스스로 복제할 수 있다는 것이다.

1) 세포는 세포에서 유래한다

1667년 영국의 과학자 로버트 훅(Robert Hooke, 1635~1703)는 현미경 아래의 코르크판을 조사할 때 이미 미세한 구멍모양의 물질을 발견했다. 그는 그 물질에 '세포(Cell)'라는 이름을 부여했다. 1839년 마티아스 야코프 슐라이덴(Matthias Jakob Schleiden, 1804~1881)과 테오도어 슈반

로버트 훅

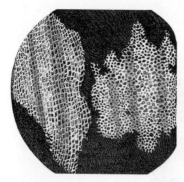

로버트 혹이 발견한 세포 cells

(Theodor Schwann, 1810~1882)은 모세포들이 각각 두 개의 딸세포로 나뉜다는 것을 알아냈다. 슈반은 모든 살아 있는 조직이 세포로 구성된다고 주장하면서 자신의 가장 유명한 세포이론을 세웠다.

1854년 루돌프 피르호(Rudolf Virchow, 1821~1902)는 말로만 서술한 자신의 이론을 완성하였다. 모든 생물은 세포로 구성되고 세포는 항상 세포에서 유래한다는 이론이었다. 전자현미경(1931)의 발전으로 비로소 세포의 구성을 정확하게 들여다보는 것이 가능하게 되었다.

12. 그레고리 핀쿠스(Gregory Pincus)와 존 록(John Rock)
— 원하지 않는 임신의 끝(1957)

수천 년 전부터 인간은 원하지 않는 임신을 피하기 위한 수단과 방법을 생각해왔다. 하지만 이렇게 오래전부터 전해져 내려온 수많은 방법들이 결코 안전하지는 않았다. 그 결과 원하지 않았던 임신이나 부적절하게 이행된 낙태로 수백만 명의 여성들이 죽었다. 안전한 호르몬의 방법에 대한 생각은 20세기 초 의학적 토대가 광범위하게 명확해진 후에 결실을 맺을 수 있었다.

1) 수많은 조치 — 한 가지 목표

약 1850년부터 여성의 난소가 규칙적인 간격을 두고 난자를 배출한다는 것이 알려졌다. 1902년 어니스트 헨리 스탈링(Ernest Henry Starling, 1866~1927)과 윌리엄 매독 베일리스(William Maddock Bayliss, 1860~1924)는 다른 것뿐만 아니라 생식을 조종할 수 있는 신체자생의 물질인 호르몬을 발견했다.

어니스트 헨리 스탈링

1919년 오스트리아 의사와 생리학자 루드비히 하버란트(Ludwig Haberlandt, 1885~1932)는 1919년 명료한 답을 찾아내기 위해 실험에 착수하였다. 그는 수많은 동물에게 실험을 거친 후에 처음으로 여성들에게 배란을 억제하는 임신 호르몬을 투입하였다. 그리하여 1928년에 미국의 과학자들은 여성의 몸 안에서 배란 후에 또 다른 새로운 난자가 성장하는 것을 저지하는 호르몬이 생성

윌리엄 매독 베일리스

루드비히 하버란트

된다는 것을 확인하게 되었다. 그들은 그 호르몬을 프로게스테론(progesterone)이라고 불렀다.

여성의 성 호르몬 에스트로겐(estrogen)은 1929년에 미주에 있는 연구가가 발견하였다. 베를린에 있는 셰링회사의 화학자는 1938년 마침내 최초의 합성 프로게스테론을 개발하였다. 베르너 비켄바흐(Werner Bickenbach, 1900~1974)는 그것으로 1944년 전 세계에 최초의 피임실험을 수행하였다.

❗ 천사를 만드는 사람

임신중절은 독일에서는 형법 218조에 규정되어 있다. 낙태는 법에 저촉되지만 오늘날의 법에 따르면 임신 3개월까지는 수술 전에 상담을 받았다면 형이 면죄된다. 합법화되기 전에 수많은 여성들은 소위 말하는 '천사를 만드는 사람들'에게 가서 낙태를 불법적으로 시행할 수밖에 없었다. '천사를 만드는 사람들'이라는 개념은 원래 피양육 아이들을 의도적으로 죽게 한(천사로 만든) 여성들에 대한 표현으로 쓰였다. 일상어에서는 불법적인 낙태를 실행하는 여성을 표현한다. 일반적으로 조산원들을 말하는데 비위생적인 조건에서 작업하기에 수술은 훨씬 더 복잡하며 여성들에게 불임과 죽음을 초래하기도 했다. 기한 조절안(임신 3개월 이내에만 임신중절을 합법화한 법안.—역자 주)이나 낙태를 위한 법적 효력이 있는 나라에서는 천사를 만드는 이들이 거의 존재하지 않는다. 왜냐하면 그곳에서는 법적으로 산부인과 의사들이 낙태를 실행하기 때문이다.

우리나라 형법은 임신 중인 여자가 약물이나 기타 방법으로 낙태한 때에는 1년 이하
의 징역 또는 벌금에 처한다. 영리의 목적으로 이를 범했을 경우에는 3년 이하의 징
역에 처하고, 또한 임신 중인 여자의 촉탁 또는 승낙을 받아 낙태하게 한 자도 제1항
의 형과 같으며, 임신 중인 여자의 촉탁 또는 승낙 없이 낙태하게 한 자는 3년 이하의
징역에 처한다. 임신 중인 여자를 상해에 이르게 한 때나 사망에 이르게 한 때에도 역
시 징역에 처한다.
그러나 모자보건법에 의한 인공임신중절수술의 허용 한계에 예외를 적용하고 있다.
법 규정에 의하여 인공임신중절수술을 할 수 있는 경우로는 우생학적 또는 유전학적
정신장애나 신체질환이 있는 경우, 강간 또는 준강간에 의하여 임신된 경우, 법률상
혼인할 수 없는 혈족 또는 인척 간에 임신된 경우, 임신의 지속이 보건의학적 이유로
모체의 건강을 심히 해하고 있거나 해할 우려가 있는 경우 등이다.

2) 여성들은 추진력을 가지고 있다

미국 출산율 운동의 리더인 마거릿 생어(Margret Sanger, 1883~1966)
와 생물학자 캐서린 맥코믹(Katharine McCormick, 1875~1967), 활발하
게 정치활동을 한 이 두 여성은 1950년대에 호르몬을 이용한 피임수단을
개발하는 데 결정적인 기여를 했다. 1951년에 그들은 그레고리 핀쿠스에
게 이 일을 위임하였다. 1940년대에 화학자 카를 제라시(Carl Djerassi,
1923~)는 이미 이것에 대한 연구를 하고 있었으며, 1951년에 먹어서 효과
가 있는 인공적인 임신 호르몬의 통합에 성공하였는데 임신에 필요한 여
성 생식선 호르몬이라고 불렀다. 핀쿠스와 그의 직원들은 동물실험의 결
과 작용물질인 노르에시노드렐(norethynodrel)로 배란과 그것으로 인한
임신을 바로 막을 수 있게 되었다. 1954년 핀스톤은 보스턴에서 50명의
여성들을 대상으로 한 최초의 임상실험에서 성공하였다. 그 실험에 대한
의구심이 있었음에도 불구하고 가톨릭 부인과의사 존 록의 공감을 얻었

다. 이 약은 1957년에는 우선 생리통증의 치료를 위한 약으로 쓰이다가 1960년부터는 미국에서 최초의 피임약으로 허용되었다.

3) 독일에서의 유보

베를린의 제약회사 셰링은 1961년 최초의 피임약을 독일 시장에 내놓았다. 하지만 그것의 도입이 순탄하지 않았다. 성관계가 단지 번식에만 기여해야 한다고 이해하는 가톨릭교회만 피임약을 비판한 것이 아니었다. 일반적으로 독일인들은 도덕의 끝을 두려워한다. 그에 따라서 여성의사들이 우선 생리불순의 치료를 위한 수단으로 피임약을 처방했다. 피임약은 여성의 역할관계의 기본적인 변화를 주도할 뿐만 아니라 그것과 연관된 현대 사회의 엄청난 변화를 야기했다. 그리하여 이제는 전 세계적으로 8천만 여성들이 호르몬에 인한 피임을 통해 원하지 않는 임신을 막을 수 있게 되었다.

13. 뤼크 몽타니에(Luc Montagnier)
— 악성 바이러스(HI-Virus, 1984)

악성 바이러스(HI-Virus)의 발견 후 20년이 지난 후에도 예방이나 치료는 여전히 앞이 보이지 않았다. 지난 20년 동안에 이것에 대한 연구의 강도는 다른 어떤 영역과는 비교할 수도 없을 정도로 높았다. 수많은 계몽 캠페인에도 불구하고 HIV는 무엇보다도 아프리카와 아시아에서 점점 더 빠르게 확산되고 있었다. 전 세계적으로

HI-Virus

추측하건대 15초당 한 사람이 위험한 이 병원체에 감염되는 셈이었다. 비록 HIV가 지금까지 가장 많은 연구가 실행된 바이러스임에도 불구하고 예전이나 지금이나 HIV를 유발하는 병 AIDS(선천성 면역 결핍증)를 고칠 완전한 약품은 개발되지 않았다.

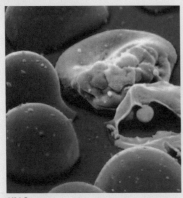

HIV 2

보통 백혈구와 항체는 몸 안으로 밀고 들어 온 낯선 유기체를 공격하고 파괴한다. 일정한 백혈구(림프구)가 면역의 반응을 조정한다. 이러한 림프구는 HIV의 주요 공격 목표이다. HIV는 세포에 도킹하여 안으로 침투한다. 내부에서는 바이러스가 자신의 유전질을 숙주 세포의 유전질에 흡수(통합)시키고 방해받지 않고 증가하기 위해서 숙주 세포를 이용한다. 시간이 지난 후 새로이 만들어진 바이러스는 그들의 숙주 세포를 파괴하고 혈액으로 방출된다. 그것은 즉시 새로운 림프구를 찾는다. 그리고 이 증식 과정이 반복된다.

그렇게 매일 백억 개 이상의 새로운 HIV가 만들어진다. HIV는 숙주 세포 위에서 항상 자신의 유전적 장치와 외양을 매번 변화시킨다. 새로운 형상으로 병원체는 면역체계를 혼란시켜서 존재하는 작용물질을 공격하지 못하게 한다. 그렇기 때문에 병원체에 대항하는 약은 지금까지 단지 제한적인 시간 동안만 도움이 될 뿐이다. 그리고 곧 바이러스는 그 약에 대해 저항력이 생기게 된다.

1) 과학자들 간의 논쟁

1984년 바이러스 학자 뤼크 몽타니에(1932~)와 파리의 파스퇴르 연구소에 있는 프랑스 과학자들은 번지고 있는 감염병의 유발자를 발견하는 데에 성공하였다. 저장혈액의 정기검사 때에 비루스 입자, HIV 타입의 역행성 바이러스를 발견하게 된 것이다. 이 발견을 둘러싸고 1986년 몽타니에와 국립보건원의 미국 바이러스 학자 로버트 찰스 갈로(Robert Charles Gallo, 1937~) 사이에 격렬한 우위다툼이 벌어졌다. 더 정확히 말하자면 이 발견은 효력 있는 약을 발견함으로 인해 시장화 가능성으로 이어졌다. 갈로는 1980년대 초반 그가 HTLV III라고 표현한 바이러스도 HIV와 일치한다고 서술했다. 그는 이어서 최초의 HIV 테스트를 개발했다. 몽타니에와 다른 과학자들도 저장혈액 검사를 위해 이 테스트를 이용하였다. 하지만 1991년에 상태를 정확하게 검증한 후에 갈로는 자신이 HIV를 최초로 발견했다는 주장을 철회했다.

14. 이언 윌머트(Ian Wilmut)

— 복제(클론) 양 돌리(1996)

'인류의 번영을 위한 진보인가? 아니면 창조로의 개입인가? 과학자들이 실험상 할 수 있는 모든 것이 실제로 실습으로 옮겨져야만 하는가…….'

1996년 복제 양 돌리가 세상의 빛을 받게 되었을 때 미디어와 여론의 파장은 엄청났다. 몸의 마지막 세포까지 자신의 유전적 어미를 똑같이 복사한 새끼양은 유일하게 성장한 신체세포로 복제되었다.

스코틀랜드의 로슬린 연구소에 있는 연구팀의 관장이자 발생학자인 이언 윌머트(1945~)는 한 마리 양의 난세포에서 유전질을 분리하고 이 양에다 두 번째 양의 유전세포에서 나온 유전질을 이식하는 데에 성공하였다. 두 세포의 인공적인 융합으로 그는 이미 성장한 세포의 핵을 새로운 존재에 대한 유전견본으로 쓰일 수 있도록 했다. 윌머트는 이것을 세 번째 양의 자궁에 이식했다. 세 번째 양은 1996년 여름에 복제 양 돌리를 건강하게 세상에 낳은 대리모였다.

1) 다윈 후의 150년 — 동일한 후손

이러한 무성본식의 종류에 해당하는 생산물인 돌리를 표현할 때 재생산된 배자, 동일한 후손을 만드는 과정, 재생산되는 클론이라고 한다. 1859년에 '진화이론'으로 이러한 발전의 토대를 마련했던 찰스 다윈 이후 100년이 조금 지나서 클론의 영향력이 그것을 대변하고 있는 이들조차도 앞을 내다볼 수 없는 차원에 도달하게 되었다.

2001년 11월에 미국 과학자들이 최초의 인간 태아를 클론(복제)하는 것에 성공했다는 것은 믿을 수 있는 일인 듯하다.

2) 현대 유전학으로의 길

클론 연구는 원래 새로운 것이 아니다. 1930년에 독일의 한스 슈페만

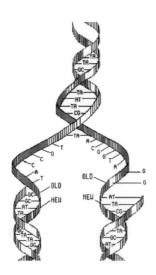

DNA 구조

(Hans Spemann, 1869~1941)이 최초의 인공적인 클론 실험에 성공했다. 그는 도롱뇽 배아의 세포를 인간의 머리카락으로 분리했다.

1944년에 유전인자를 지니고 있는 핵산이 발견된 후에 1953년에는 미국과 영국의 연구팀 프랜시스 해리 콤프턴 크릭(Francis Harry Compton Crick, 1916~2004)과 제임스 왓슨(James Watson, 1928~)이

DNA 구조를 해독하는 데에 성공했다. DNA 구조 해독과 세포가 분열될 때 그것의 특징을 계속 전수하는 화학적 메커니즘에 대한 설명을 함으로써 그들은 1962년에 공동으로 노벨 의학상을 받았다.

1973년 두 가지 상이한 조직으로 된 DNA가 서로 결합될 수 있을 때 현대의 유전학이 태어났다. 1981년 미국에서 처음으로 소의 배자 분리에 성공했으며, 1980년 중반에는 동물들의 배아 분할이 유럽에서는 일상적이 되었다.

3) 복제 양 돌리의 최후 — 박물관에 박제됨

유일한 세포로 처음 복제된 돌리는 적응력이 약했다. 빨리 늙고, 관절염으로 고통스러워했으며, 심각한 폐렴에 걸려 2003년 2월 14일에 안락사 당했다. 7년도 제대로 견디지 못하고 죽음에 이른 것이다.

그 이후로 돌리는 박제되어 스코틀랜드 에딘버그에 있는 왕립박물관에 안치되어 그곳에서 주목을 받고 있다. 복제 양의 이른 노화로 연구가들의 추측은 새로운 추진력을 얻게 되었다. 이미 1999년 5월에 그들은 돌리의 유전질이 이례적으로 늙어 보인다는 것을 확인하게 되었다. 돌리는 복제되지 않은 같은 나이의 양들보다 더 짧은 텔로미어(Telomere)

복제 양 돌리

를 가지고 있었다. 텔로미어는 유전질을 보유하고 있는 진핵세포 염색체의 끝부분에 있는 것으로 세포 분열시마다 짧아지며, 발생 및 노화와 밀접한 관련이 있는 것이라고 한다. 과학자들은 오래전부터 그것을 연구해 오고 있다. 왜냐하면 그것이 노화과정에 영향을 미치기 때문이다. 여하튼 돌리는 6년생 양의 유선세포에서 유래했다.

❗ 치료를 위한 클론

치료를 위한 이러한 클론은 물론 암이나 다른 심각한 병들에 맞서 배치되는 것으로 줄기세포(stem cells)의 배양을 위해 필요한 것이다. 이 영역에서의 연구는 수많은 산업국가에서 이미 오래전부터 진행되어 왔다. 이미 살아 있는 인간의 클론에 관한 '성공 보고서'는 그와 반대로 회의적으로 간주된다. 그와 같은 존재는 오늘날까지 공식적으로 소개되지 않았기 때문이다. 인간의 복제를 반대하는 어마어마한 저항과 그것과 결합된 높은 윤리적 통념에 부딪히는 일이기도 하고, 또는 지금까지 어떤 연구자도 생존할 수 있는 복제물을 만들어내는 데에 성공하지 못한 것일 수도 있다.

15. 크레이그 벤터(Craig Venter)
— 인간 게놈의 비밀을 풀다(2000)

새천년의 전환점을 2000년 1월 1일로 해야 하는지, 아니면 달력에 의해 2001년의 첫 번째 날로 해야 하는지에 대해서 합일점을 찾지 못하고 의견이 분분하였다. 과학적인 측도에 따른다면 2000년 6월을 '시대의 전환점'이라고 하는 것이 타당할 것이다.

미국의 과학자이자 사업가인 크레이그 벤터(1946~)는 그가 인간의 유전질(게놈)의 99% 이상의 비밀을 풀었다고 전 세계에 공식적으로 알렸다. 그것으로 인류의 마지막 위대한 수수께끼 중의 하나가 풀린 것이다. 1445년의 구텐베르크의 활판 인쇄와 1969년 닐 올던 암스트롱(Neil Alden Armstrong, 1930~)의 달 착륙과 같은 수준으로 언급될 수 있는 사건이었다.

벤터는 자신의 연구결과로 20세기의 마지막 20년 동안에 전 세계의 1,000명의 과학자들을 긴장시켰던 경쟁에서 이겼다. 이 결과는 분자의학에 정보를 제공하고 그것의 도움으로 가까운 미래에 암, 알츠하이머병 또는 골다공증과 같은 병들에 대한 혁명적인 치료방법이 발전될 수 있도록 한다.

유전병에 대한 이해가 수월해지며 진단학과 치료법에 가능성을 부여하면서 새로운 국면으로 접어들 수 있도록 1988년 미국에서 인간 게놈기구(HUGO, Human Genome Organization)가 설립되었다. 이 기구의 설립목표는 게놈, 또한 단순한 전체 염색체 그리고 그 위에 존재하는 유전자의 수수께끼를 푸는 것이다.

염색체는 현미경 아래에서 볼 수 있는 유전정보 소지자이다. 인간의 경우에는 염색체가 신체세포에 23쌍씩 존재한다.(예외: 남성의 경우에는 23쌍이 두 가지 상이한 염색체로 구성된다.)

1) 1,000명의 과학자들의 연구

1999년까지 30억 달러의 공식적인 자금으로 재정지원을 받은 국제적인 인간 게놈 프로젝트(Humangenom-Projekt)에 1990년부터 미국, 일본, 중국, 영국, 프랑스 그리고 독일의 연구소들이 참여했다. 전 세계적으로 약 1,000명의 과학자들이 이 프로젝트에 참여했다. 미국의 제임스 왓슨이 이 프로젝트의 지도(감독)를 맡았다. 그는 1953년 DNS 구조(DNS, 핵산은 염색체에 유전정보를 보유하고 있다.—역자 주)를 발견하고 그것에 대한 공로로 1962년 노벨 의학상을 받았다.

1992년 연구자들은 염색체 23쌍과 Y염색체(인간의 경우에는 남성 성별을 결정한다.—역자 주)의 완전한 제도에 성공했다.

2) 엄청난 이익

국가의 보조금 때문에 그리고 최대한 투명성을 보장하기 위해서 인간 게놈 프로젝트의 과학자들은 그들의 연구결과를 정규적으로 무료로 공식 발표했다. 그와 더불어 끊임없이 성장하는 수많은 바이오 기술회사는 독자적으로 의미 있는 결과를 도출하기 위해서 노력했다. 결국 유전인자의 특허화와 분자의학의 영역에서 기대되는 의약의 발전을 통해서 엄청난 이익을 추구하게 되었다.

'유전인자의 황제'인 크레이그 벤터는 결국 인간 유전인자의 수수께끼를 완전히 푸는 것에 대한 경쟁이 지겨워서 전 세계적으로 공동으로 협력하는 과학자들보다 먼저 최초의 명성을 얻게 되었다.

2001년 1월에 게놈 프로젝트의 연구자들이 그들의 결과를 소개할 때 확정된 것은 다음과 같았다.

'인간은 약 26,000에서 40,000개의 유전인자(십만 개 이상이 예상되었다.)를 가지고 있다.'

비교를 하면, 벌레는 인간의 약 반을 가지고 있으며, 물론 구조도 더 단순하다. '하나의 질병에 한 개의 유전인자'라는 예상된 공식은 명확하지가 않다. 그렇기 때문에 유전인자의 상호작용이 완전히 수수께끼가

풀리고 인류가 겪는 가장 심각한 병을 치료할 수 있는 치료형태가 발견되기까지는 시간이 좀 더 걸릴 것이다. 우리의 유전인자를 인공적으로 변화시키는 것이 윤리적인 측도에서 고려될지 아닌지는 기다려야 할 문제이다.

❗ 예측 수명

서구의 복지사회에 살고 있는 현대인의 평균 수명은 거의 80세에 달한다. 산업사회 이전 시대의 자신의 조상들보다 50살이나 더 사는 것이다. 하지만 유전인자(유전질의 작은 통합)로 이미 그의 조상들이 고통 받았던 똑같은 병을 유발하는 요인을 물려받았다. 과학자들은 진지하게 암이나 기타 이와 비슷한 병과 같은 문명의 질병을 제어할 수 있을 경우 예측 수명이 10년 정도 상승될 수 있다는 것을 전제한다.

위대한 과학자들 개요

연도	발견자 또는 발명자	발견 또는 발명	국적
1590	자하리아스 얀센	복합현미경	네덜란드
1593	갈릴레오 갈릴레이	온도계	이탈리아
1608	한스 리페르세이	망원경	네덜란드
1642	블레즈 파스칼	계산기	프랑스
1643	에반겔리스타 토리첼리	수은기압계	이탈리아
1650	오토 폰 게리케	공기 펌프(배기 펌프)	독일
1668	아이작 뉴턴	반사 망원경	영국
1671	고트프리트 빌헬름 폰 라이프니츠	계산기	독일
1698	토머스 세이버리	증기 펌프	영국
1705	토머스 뉴커먼	증기기관	영국
1717	에드먼드 핼리	잠수기	영국
1752	벤저민 프랭클린	피뢰침	미국
1764	제임스 하그리브스	정밀방적기계	영국
1769	리처드 아크라이트	방적기	영국
1769	제임스 와트	증기기관(분리된 응축기가 있는)	영국
1780	벤저민 플랭클린	이중 초점 렌즈	미국
1783	조제프 미셸 몽골피에 자크 엔티에 몽골피에	열기구	프랑스
1785	에드먼드 카트라이트	역직기	영국
1788	제임스 와트	원심조절장치	영국
1796	에드워드 제너	예방접종	영국

1804	리처드 트레비식	증기기관차	영국
1814	조지 스티븐슨	철도 기관차	영국
1816	카를 자우어브론	자전거	독일
1821	마이클 패러데이	전기 모터(발동기)	영국
1831	마이클 패러데이	다이너모(발전기)	영국
1837	새뮤얼 핀리 모스 찰스 휘스톤	전신기	미국 영국
1838	새뮤얼 핀리 모스	모스 알파벳	미국
1865	조지프 리스터	살균소독외과	영국
1868	카를로스 글리든 크리스토퍼 래섬 숄스	타자기	미국
1874	토머스 에디슨	4중 송수신 장치기	미국
1876	알렉산더 그레이엄 벨	전화	미국
1877	니콜라우스 아우구스트 오토	연료 모터(4사이클식)	독일
1877	토머스 에디슨	축음기	미국
1877	에밀 베를리너	마이크	미국
1879	토머스 에디슨 조지프 윌슨 스완	전구	미국 영국
1887	에밀 베를리너	그라모폰(축음기)	미국
1891	오토 릴리엔탈	활공기	독일
1893	토머스 에디슨	영화 촬영용 카메라	미국
1894	루이 뤼미에르 오귀스트 뤼미에르 찰스 젠키스	영사기	(프랑스)미국
1896	마르케세 굴리엘모 마르코니	무선 전신기	이탈리아
1900	페르디난드 폰 체펠린	조종할 수 있는 경식 비행선	독일

1903	윌버 라이트 오빌 라이트	비행기	미국
1911	카시미르 풍크	비타민	폴란드
1923	블라디미르 코스마 즈보리킨	텔레비전 영상 분사기	미국
1960	그레고리 핀쿠스 존 록 민추장(Min-Chueh Chang)	경구피임약	미국
1984	뤼크 몽타니에	인간 면역결핍 바이러스(HIV)	프랑스
1997	이언 윌머트	양의 복제(클론)	영국
2000	크레이그 벤터	인간 게놈의 해독	미국

찾아보기